Georg Franz

Fachwörter der Elektronik

Heiße Definitionen neuester Elektronik-Begriffe

2., neu bearbeitete und erweiterte Auflage

FRANZIS-VERLAG MÜNCHEN

Nr. 40 der RPB electronic-taschenbücher

CIP-Kurztitelaufnahme der Deutschen Bibliothek

Franz, Georg
Fachwörter der Elektronik: Heiße Definitionen neuester Elektronik-Begriffe. – 2., neu bearb. u. erw. Aufl. – München: Franzis-Verlag, 1976.
([RPB-Elektronik-Taschenbücher] RPB-electronic-taschenbücher; Nr. 40)
ISBN 3-7723-0402-8

1976

Franzis-Verlag GmbH, München

Druck: Franzis-Druck GmbH, Karlstraße 35, 8 München 2
Printed in Germany. Imprimé en Allemagne.

ISBN 3-7723-0402-8

Vorwort

Dieser Band ist ein Experiment. Er trägt mit einer Auswahl von gerade 300 Begriffserklärungen vielleicht den Makel der Unvollkommenheit. Doch gerade diese erlesene Auswahl, gewissermaßen der Extrakt moderner Elektronik-Begriffe aus Lehre, Forschung und Praxis, geben dem Wörterbuch eine Sonderstellung. Alltägliches ist bereits bekannt. Diese freiwillige Beschränkung auf das Moderne machte es möglich, das Wörterbuch schnell auf den Markt zu bringen. Es ist als Ergänzung zu vorhandenen umfangreichen Lexika gedacht.

Es würde mich freuen, wenn Sie auf der Rückantwortkarte offen Ihre Meinung zu dem Experiment sagen würden.

München — Ing. Georg Franz

A

Actuator

Bistabiles elektromechanisches Antriebselement. Wie ein Schrittmotor, schnellt der Actuator bei Ansteuerung durch einen Stromimpuls von einer Stellung in die andere, doch hat er im Gegensatz zu jenem nur zwei Grundstellungen, z. B. um ein Ventil „auf" oder „zu" zu steuern. In jeder dieser beiden Stellungen wird der Actuator auch ohne weitere Stromzufuhr dauernd festgehalten, sei es auf mechanischem, sei es auf magnetischem Wege.

Adaptive machine tool control (AC)

Man versteht darunter eine numerische Werkzeugmaschinensteuerung, bei der nach wie vor die Positionierung und der Werkzeugwechsel der Maschine nach Steuerprogramm ausgeführt wird, dann jedoch eine Regelung eingreift, welche die Bearbeitungsbedingungen (Drehzahl, Vorschubgeschwindigkeit usw.) auf der Basis laufender Messung der entsprechenden Parameter optimiert bzw. dem Werkstück anpaßt *(adaptiert)*. Fast jede numerisch gesteuerte Werkzeugmaschine kann mit einem solchen Zusatz ausgestattet werden.

Akkumulator

Ein akkumulatives Schieberegister *(Akkumulator)* wird bei Einadreßmaschinen benötigt, um zunächst einen von zwei Operanden (z. B. den Multiplikand) zwischenzuspeichern. Nach erfolgter Rechenoperation mit dem zweiten Operanden (Multiplikator) wird darin das Ergebnis (Produkt) gespeichert. Weil dazu Stellenverschiebungen nötig sein können, ist der Akkumulator als Schieberegister ausgeführt, im allgemeinen von Wortlänge, oft aber auch, wegen der Länge der Ergebnisse, von doppelter Wortlänge. – Zweiadreßmaschinen benötigen keinen Akkumulator, weil zwei Operanden gleichzeitig adressierbar sind und somit die Rechenoperationen gleich unter Benutzung des Arbeitsspeichers durchgeführt werden können.

Algorithmus

= „Rechenrezept"; man versteht darunter eine schrittweise Rechenvorschrift, die durch rein mechanische Durchführung ohne Nachdenken zwangsläufig zum Ergebnis führt. Jeder Rechenoperation (z. B. Addieren, Subtrahieren, Multiplizieren usw.) liegt ein bestimmter Algorithmus zugrunde, und zwar sowohl bei manueller als auch bei maschineller Durchführung. Auch die Programme, mit denen eine elektronische

Datenverarbeitungsanlage gestellte Aufgaben löst, sind nichts anderes als mehr oder weniger umfangreiche Algorithmen. Hierunter fällt z. B. auch das Mischen oder Sortieren. Um zur Lösung von technisch-wissenschaftlichen Problemen mit Hilfe von EDV-Anlagen möglichst einfache bzw. zweckentsprechende Algorithmen zu finden, wurde die Programmiersprache ALGOL *(algorithmic language)* entwickelt.

ALU

Arithmetic logic unit = arithmetische Logik-Einheit. Man versteht darunter das eigentliche *Rechenwerk* eines Computers, das aus einem oder mehreren Akkumulatoren und verschiedenen Registern besteht. Es lassen sich damit neben arithmetischen Operationen (Addition, Subtraktion) auch Boolesche Verknüpfungen, also logische Operationen, durchführen. Auch Verschiebungen und Vergleiche sind möglich. Solche arithmetische Logik-Einheiten können je nach Hersteller recht unterschiedlich aufgebaut sein. Von verschiedenen Halbleiterbauelemente-Herstellern sind bereits Ausführungen erhältlich, die auf einem einzigen Chip ein 4-bit-Rechenwerk enthalten.

Amplidyne

Die Amplidyne gehört zur Gruppe der Verstärkermaschinen; das sind Gleichstromgeneratoren für Steuerungs- und Regelungszwecke mit möglichst großer Leistungs- und Spannungsverstärkung, möglichst linearem Zusammenhang zwischen Eingangs- und Ausgangsgröße und möglichst geringer Eigenverzögerung. Sie beruhen darauf, daß remanenzfreie, untererregte Gleichstromgeneratoren eine elektrische Leistung abzugeben imstande sind, die die für die Felderregung aufgebrachte Leistung bei weitem übersteigt. Dies bedeutet aber eine Leistungsverstärkung. Die Amplidyne ist eine Querfeldmaschine mit zwei um 90° versetzten Bürstenpaaren; sie stellt letzten Endes zwei in Kaskadenschaltung betriebene Gleichstromgeneratoren dar. Sie liefert eine konstante, über die Steuerwicklung beeinflußbare Ausgangsspannung. Die Leistungsverstärkung liegt bei 10^3 bis 10^5. (Literatur: Praktikum der Industrie-Elektronik, Band 1, von *H. G. Mende;* Franzis-Verlag.)

AOW = Akustische Oberflächenwellen

Hierbei handelt es sich um die Übertragung elektrischer Energie auf der Oberfläche eines Kristalls in Form einer mechanischen Welle. Da die Fortpflanzungsgeschwindigkeit der mechanischen Welle etwa 10^5 mal kleiner ist als die der elektrischen Welle im freien Raum, wird die physikalische Größe der Welle um den Faktor 10^5 verkleinert. Im Gegensatz zu piezoelektrischen Schwingern ist nicht das gesamte Volumen an der mechanischen Bewegung beteiligt, sondern nur die Oberfläche, was weit höhere Frequenzen ermöglicht. Die Anregung erfolgt mit interdigitalen Wandlern in Form von kammartigen, leitenden Strukturen. Anwendungsgebiete ergeben sich bei Filtern, Richtkopplern, Verzögerungsleitungen und Diskriminatoren (siehe ELEKTRONIK 1974, H. 11, S. 433...436).

Arbeitsmatrix

In DIN 41 859, Bl. 1, sind zur Kennzeichnung der Arbeitsweise von Digitalschaltungen verschiedene Begriffe definiert worden, u. a. auch Arbeitstabelle und Arbeitsmatrix. Während die Arbeitstabelle (siehe Lexikon-Karte Nr. 191) die digitale Arbeitsweise von kombinatorischen Digitalschaltungen (Verknüpfungsschaltungen) beschreibt, verwendet man Arbeitsmatrizen zur Beschreibung von digitalen Folgeschaltungen (z. B. Flipflops). Bei einer solchen Folgeschaltung gibt es für mindestens eine Eingangskonfiguration mehr als eine Ausgangskonfiguration, die aus der Arbeitsmatrix eindeutig hervorgehen müssen. Das gleiche gilt für die Ausgangskonfiguration, die sich aus den Übergängen von einer Eingangskonfiguration zur anderen ergibt (siehe auch ELEKTRONIK-Arbeitsblatt Nr. 86, H. 11/74, S. 447).

Arbeitstabelle

Analog zu den bekannten Wahrheitstabellen gibt es nun nach DIN 41 859, Blatt 1, auch *Arbeitstabellen,* in die die digitale *Arbeitsweise* von elektrischen Schaltungen eingetragen wird, und zwar anhand der Pegelbezeichnungen H (high) und L (low) im Gegensatz zu „1" und „0" bei Wahrheitstabellen. Eine Arbeitstabelle ist demzufolge eine Tabelle, die die notwendigen oder möglichen Beziehungen zwischen den Werten der digitalen elektrischen Größen an den Eingängen und Ausgängen einer Digitalschaltung zeigt. Diese Arbeitstabellen sind besonders für kombinatorische Schaltungen (Verknüpfungsschaltungen) geeignet, bei denen es für jede Eingangskonfiguration jeweils eine und nur eine Ausgangskonfiguration gibt (siehe auch ELEKTRONIK-Arbeitsblatt Nr. 78, H. 12, S. 449...450).

ATLAS

Die in den USA entwickelte Programmiersprache ATLAS (Abbreviated Test Language for Avionic Systems) ist weltweit standardisiert und eignet sich besonders gut zur Beschreibung von Prüfvorgängen. Sie betont allerdings sehr stark den Dokumentations-Gesichtspunkt und nimmt von der Sprache her wenig Rücksicht auf die Möglichkeiten spezieller Prüf- bzw. Testsysteme, so daß sie vorwiegend dann eingesetzt wird, wenn es auf die allgemeinverständliche, übernationale Dokumentation von Prüfvorgängen ankommt, z. B. bei Checkout-Anlagen oder in der Luftfahrt. Als Nachteil ist weiterhin anzuführen, daß die Übersetzung von echten ATLAS-Prüfprogrammen bis jetzt nur teilautomatisch möglich ist und darüber hinaus einen hohen Rechneraufwand erfordert. Deshalb hat sie sich speziell bei industriellen Testsystemen noch nicht durchsetzen können.

ATT-Dioden

Avalanche Transit Time – Dioden. Silizium-Dioden nach dem Mesa-Prinzip mit ausgeprägtem Lawinen- und Laufzeiteffekt sowie hohem Wirkungsgrad (bis zu 9 %). Anwendung: in Mikrowellenoszillatoren für Richtfunksender im cm-Bereich. Aufgrund der Ladungsträgervervielfachung (Lawineneffekt) lassen sich in den Dioden im Rhythmus einer der angelegten Gleichspannung (Betrieb in Sperrichtung) überlagerten Wechselspannung *Stromimpulse* erzeugen. Diese erfahren infolge des Laufzeiteffektes eine kontinuierliche Phasendrehung bezogen auf die an der Diode anliegende Wechselspannung. Sie kann mehr als 90° betragen, so daß sich die Diode wie ein negativer Widerstand verhält, d. h. mit einem angekoppelten Schwingkreis lassen sich ungedämpfte Schwingungen erzeugen.

B

Backup-Regler

In verfahrenstechnischen Anlagen, die mit einem Digitalrechner (Prozeßrechner) direkt geregelt werden, muß man dafür sorgen, daß bei einem Ausfall des Rechners die Regelung aufrechterhalten bleibt. Dies kann dadurch geschehen, daß in den kritischen Regelkreisen der Anlage analoge Reserveregler die Regelung übernehmen, und zwar entweder mit einem im voraus festeingestellten Sollwert oder aber mit dem vom Prozeßrechner im normalen Betrieb laufend nachgeführten und vor dem Ausfall zuletzt erreichten Sollwert. Diese Reserveregler bezeichnet man auch als *Backup*-Regler (von engl. *to backup*, hier im Sinne etwa von *aushelfen*). In sehr komplexen und schwer zu regelnden verfahrenstechnischen Anlagen kann es allerdings zweckmäßiger und wirtschaftlicher sein, anstatt von Backup-Reglern ein digitales Reservesystem in Form eines zweiten Rechners vorzusehen.

BASEX

Es handelt sich dabei um eine Weiterentwicklung der zum Computer-Dialog häufig verwendeten Programmiersprache BASIC in Richtung auf Echtzeit (*real time*)-Anwendungen, also insbesondere zur Programmierung von Prozeßrechnern. Ferner bietet sie technisch-wissenschaftlichen Anwendern die Möglichkeit, Echtzeitaufgaben in einer problemorientierten Sprache zu lösen. Auch BASEX ist wie BASIC eine leicht erlernbare Sprache.

BBD

= bucket brigade devices = Eimerkettenschaltungen. Sie stellen eine Abart der Ladungsverschiebeschaltungen (charge transfer devices) dar und können entweder mit bipolaren oder MOS-Transistoren aufgebaut sein, und zwar sowohl diskret als auch in integrierter Form. Praktische Bedeutung hat aber nur die integrierte Bauweise. Bei PMOS-

Eimerkettenschaltungen z. B. befinden sich zwischen Gate und Drain der MOS-Transistoren die Speicherkondensatoren, in denen die Ladungen zwischengespeichert werden. Sie sind durch die Überlappungskapazitäten zwischen Gate-Elektroden und diffundierten, p-leitenden Gebieten realisiert. Zwei Taktleitungen führen abwechselnd an die Gate-Elektroden der MOS-Transistoren, so daß bei jedem Taktsignal die Ladungen von Kondensator zu Kondensator weitergeschoben werden (vgl. ELEKTRONIK 1974, H. 1, S. 3, sowie Karte Nr. 49 über „CCD").

BCCD

= Bulk Charge Coupled Device = Ladungsverschiebeschaltung in MOS-Technik, bei der die Ladungsverschiebung unterhalb der Siliziumoberfläche in einem versenkten Kanal (buried channel) stattfindet. Verwendet wird ein N-dotierter Kanal in einem P-dotierten Siliziumsubstrat. In einem solchen Kanal können Ladungen schneller verschoben werden als an der Oberfläche (siehe ELEKTRONIK 1975, H. 4, S. 88...92).

Beamos

Amerikanische Bezeichnung für eine elektronische Datenspeicher-Anordnung, die mit einem Elektronenstrahl (beam) ein in MOS-Technik ausgeführtes Target abfragt; die Abkürzung steht für „Beam Addressed Metal Oxide Semiconductor". Durch Ablenkung des Strahles, wie in einem Oszillografen, kann man jeden Punkt des Target schnell erreichen und erhält dadurch kurze Zugriffszeiten (Größenordnung 30 µs. Übertragungsrate 10^6bit/s), andererseits erlaubt die hohe Packungsdichte der MOS-Technik eine große Speicherkapazität pro Target (z. B. 32 x 10^6bit). Elektronenstrahl- und Halbleitertechnik arbeiten hier also zusammen, um kompakte Massenspeicher ohne bewegliche Teile zu realisieren.

Bicap

Der Bicap (*binary capacitor*) ist ein in MOS-Technik herstellbarer Kondensator, der in Abhängigkeit von der angelegten Schwellspannung einen hohen Kapazitätswert (entspricht logisch L) oder einen niedrigen Kapazitätswert (entspricht logisch O) annehmen kann. Er nimmt in MOS-Schaltungen die Stelle der normalen Gate-Source-Kapazität ein, besitzt jedoch gegenüber dieser einen höheren Kapazitätswert bei entsprechend hoher Gate-Source-Spannung, was in MOS-Schaltungen aus verschiedenen Gründen erwünscht ist.

Binärzahl

Man versteht darunter eine Zahl, die durch eine Folge von Binärziffern (also 0 und 1) dargestellt wird. Eine Binärzahl *kann* eine Dualzahl sein, also eine Zahl, die nach dem polyadischen Zahlensystem durch eine Anzahl binärer „Stellen" dargestellt wird, welche ihrerseits, von rechts nach links ansteigend, ganzzahlige Potenzen der *Basis* 2 enthalten. Ebenso enthalten die uns geläufigeren Dezimalzahlen Potenzen der *Basis 10*. Doch auch eine Dezimalzahl kann als Binärzahl geschrieben werden, wenn man jede einzelne ihrer Ziffern durch eine vierstellige Dualzahl *(Tetrade)* ausdrückt; man spricht dann von einer binär codierten Dezimalzahl, abgekürzt BCD. Da es sich hier um eine unnatürliche, „verschlüsselte" Schreibweise handelt, spricht man auch vom BCD-Code.

Bode-Diagramm

Ändert man die Eingangsgröße eines linearen Übertragungsgliedes (Verstärker, Regeleinrichtung, Regelstrecke o. ä.) sinusförmig, so ändert sich auch dessen Ausgangsgröße sinusförmig. Um das Verhalten des Übertragungsgliedes erfassen zu können, kann man nun erstens das Amplitudenverhältnis von Ausgangs- zu Eingangsgröße und zweitens die Phasenverschiebung zwischen Ein- und Ausgangsgröße jeweils in Abhängigkeit von der Frequenz der Eingangsgröße aufzeichnen. Die erste Kurve zeigt dabei den *Amplitudengang* und die zweite den *Phasengang* des Übertragungsgliedes. Werden Amplituden- und Phasengang gemeinsam grafisch in Abhängigkeit von dem logarithmisch abgebildeten Wert der Frequenz dargestellt, so spricht man von *Frequenzkennlinien* oder vom *Bode-Diagramm*. Dabei wird das Amplitudenverhältnis ebenfalls logarithmisch, die Phasenverschiebung dagegen linear aufgetragen.

BORAM

Die Abkürzung BORAM steht für *„block-oriented random-access memory"* = Block-orientierter Schreib-/Lesespeicher (RAM). Bei einem BORAM wird der Inhalt des Speichers blockweise adressiert. Innerhalb dieser Blöcke können die Daten jedoch seriell, d. h. in einer sequentiellen Form, adressiert werden. Als BORAM arbeitet beispielsweise ein Schieberegister bestimmter Länge, in dem die gespeicherten Daten ständig umlaufen.

Burst

Unter „burst", oder genauer gesagt „pulse burst", versteht man in der angloamerikanischen Fachliteratur ein Impulsbündel, d. h. eine Gruppe von zusammengehörigen, dicht aufeinanderfolgenden Impulsen. Der bekannteste Burst ist der beim Farbfernsehen neben den Zeilen-Synchronisierungsimpulsen ausgestrahlte Farb-Hilfsträger-Borst, der dem Empfänger jeweils vor Zeilenbeginn die genaue Frequenz und Phase des Farb-Hilfsträgers zur Verarbeitung im Farb-Decodierer übermittelt. Impulsbündel werden aber auch in der digitalen Meßtechnik verwendet, z. B. zur Prüfung von Logik-Bausteinen.

C

Cache Memory

Als Cache-Speicher bezeichnet man in der EDV einen relativ kleinen (z. B. 2 K Worte) und schnellen (z. B. 125 ns Zugriffszeit) Zusatzspeicher, meist als Halbleiterspeicher ausgeführt, der mit dem Hauptspeicher zusammenarbeitet, um die Zykluszeit des Rechners zu verkürzen. Dazu wird der gerade benötigte Teil der Hauptspeicher-Information per Programm aufgerufen und in den Cache-Speicher übernommen (meist gelingt dies zu 90...95%). Ein schneller Prozessor kommt dann in Zusammenarbeit mit dem Cache-Speicher zu einer Zykluszeit von beispielsweise 300 ns, während eine direkte Zusammenarbeit mit dem langsameren Hauptspeicher die zwei- bis dreifache Zykluszeit ergeben würde.

CAM

Abkürzung für den in der angloamerikanischen EDV-Fachsprache gebräuchlichen Begriff *contents addressable memory* (nach dem Inhalt adressierbarer Speicher); man bezeichnet solche Speicher auch als *assoziative Speicher*. Diese werden z. B. für die Umsetzung von Adressen von einem Adressierungssystem in ein anderes verwendet, oder z. B. um Personennamen, die zugleich als Suchadresse dienen, bestimmte Daten zuzuordnen. Im täglichen Leben ist das Telefonbuch der bekannteste assoziative Speicher: Man sucht z. B. einen bestimmten Namen rein nach diesem Namen, ohne besondere Adresse, und findet dann die zugehörige Telefonnummer.

CAMAC

Computer Application to Measurement and Control: Das CAMAC-System ist ein von europäischen Kernforschungszentren entwickeltes und auf deren Belange zugeschnittenes, standardisiertes Zweiweg-Interface-System, das in Verbindung mit beliebigen Prozeßrechnern arbeiten kann. Jedoch ist der Betrieb mit einem Rechner nicht unbedingt Voraussetzung. „Zweiweg" bedeutet in diesem Fall, daß der Datenfluß zum und vom Rechner über dieses Interface geht. Es ist modular aufgebaut, d. h. jeder Einschub stellt eine Funktionseinheit dar, die jeweils Verbindung zu einem normierten Datenweg hat. Eine sogenannte Rahmensteuerung übernimmt die vollständige Abwicklung des Datenflusses. Mit diesem System lassen sich die verschiedensten Prozesse automatisieren (siehe ELEKTRONIK 1970, H. 10, S. 335).

CARAM

Content adressable random access memory = inhaltsadressierbarer Schreib-/Lesespeicher. Bei dieser Art von Speichern können Informationen nicht nur eingeschrieben, gelesen und gelöscht werden, sondern ihr Inhalt kann zusätzlich, beispielsweise für Prüfungszwecke, abgefragt werden. In Verbindung mit einem gewöhnlichen RAM (Lexikon-Karte Nr. 41, H. 11/70) lassen sich damit sehr schnelle Zwischenspeicher-Systeme als Puffereinheiten für langsame Hauptspeicher aufbauen. Das Ziel ist die wesentliche Verringerung der tatsächlichen Zugriffszeit des gesamten Systems. Hierzu wird die gewünschte Information des Hauptspeichers vor dem zu erwartenden Zugriff im Zwischenspeicher (RAM) gespeichert. Außerdem wird die Adresse dieser Information in den inhaltsadressierbaren Speicher übernommen, so daß bei deren Verarbeitung diese mit der Adresse des Hauptspeichers aus dem Zwischenspeicher mit seiner extrem kurzen Zykluszeit abgefragt werden kann. (Lit.: Motorola-Kompass, 5/70.)

CATT-Triode

Die CATT-Triode (*Controlled Avalanche Transit Time triode*) ist ein Bauelement, das aus der Kombination von Transistor- und IMPATT-Technologie (IMPATT-Diode = Lawinendiode) entstanden ist. Da sie gegenüber herkömmlichen Leistungstransistoren mit der siebenfachen Frequenz (etwa 20 GHz) betrieben werden kann, wird durch sie der Bau von Mikrowellen-Systemen wesentlich vereinfacht, vor allem durch den Wegfall der Frequenzvervielfachung (siehe auch ELEKTRONIK 1975, H. 11, S. 75).

CCD

Abkürzung für die amerikanische Bezeichnung *charge coupled devices*. Es handelt sich um ein Halbleiterbauelement, das noch weniger Fabrikationsstufen als der herkömmliche MOS-Transistor benötigt. Es besteht aus einem n-Substrat, das mit einer Oxydschicht bedeckt wird, auf der wiederum zwei metallisierte Anschlüsse angebracht werden. Diese sperrschichtlosen Elemente arbeiten wie eine Reihenanordnung von MOS-Kondensatoren und lassen sich für Verzögerungsleitungen, Speicherzwecke und Logikfunktionen verwenden. Sie werden zur Zeit noch nicht kommerziell ausgenützt.

CCS

= Colorvision Constant Speed. Damit bezeichnet man ein Verfahren, mit dem unter Zuhilfenahme eines elektronischen Abtastgerätes die Wiedergabe von farbigen und schwarzweißen Super-8-Filmen auf dem Bildschirm von Fernsehgeräten möglich ist. Durch die elektronische Abtastung ergeben sich folgende Eigenschaften: a) Der kontinuierliche Filmtransport (constant speed) erfolgt geräuschlos und ermöglicht nahezu unbegrenzte Abspielungen der Filme ohne Qualitätsverlust, da das Filmmaterial nicht mechanisch beansprucht wird; b) Berührungslose Filmabtastung; c) Stillstandprojektion ohne Lichtverlust und ohne Filmbeanspruchung; d) Wiedergabe eines Films gleichzeitig über mehrere Fernsehgeräte.

CDI

= *collector diffusion isolation.* Diese drei Wörter kennzeichnen ein neuartiges Herstellungsverfahren für komplexe, bipolare Schaltungen. Der CDI-Prozeß erfordert lediglich, wie der MOS-Prozeß, fünf Maskensätze, gegenüber neun bei der herkömmlichen bipolaren Technik. Außerdem sind aufgrund der selbstisolierenden Eigenschaft die Transistorgeometrien erheblich kleiner, wodurch sich bei gleicher Chipfläche wesentlich mehr Bauelemente unterbringen lassen. Die Verringerung der Masken und der Diffusionsschritte ermöglichen in Verbindung mit einer planen Oxidoberfläche eine hohe Ausbeute auch bei sehr großen Chips. Darüber hinaus lassen sich mit Hilfe des CDI-Prozesses ohne Schwierigkeiten analoge und digitale Funktionen auf einem gemeinsamen Chip realisieren (vgl. ELEKTRONIK 1972, H. 1, S. 29...30).

CECC-Gütebestätigungssystem

Auf Regierungsbeschluß der Länder Bundesrepublik Deutschland, Frankreich und Großbritannien wurde innerhalb der CENELEC (= europäisches Komitee für elektrotechnische Normung) die Unterorganisation CECC (= CENELEC-Kommission für Bauelemente der Elektronik) gegründet mit dem Ziel, einheitliche Qualitäts-Richtlinien für elektronische Bauelemente zu schaffen, die dem Anwender überschaubare Verhältnisse und Erleichterungen bringen. Es entstand das ,,harmonisierte Gütebestätigungssystem für Bauelemente der Elektronik", das einerseits auf der Anerkennung (Qualifikation) der Hersteller und andererseits auf der Gütebestätigung der Bauelementebauart (des Bauelementetyps) beruht (DIN 45900 und 45901, Teil 1...13; siehe auch ELEKTRONIK 1976, H. 1, S. 57...60.

Charge balancing

Mit „charge balancing" bezeichnet man ein aus den USA kommendes, neues Analog-Digital-Umsetzverfahren, das eine Alternative zum Dual-Slope-Prinzip darstellt und wie dieses auf integrierender Arbeitsweise beruht. Während beim Dual-Slope-Verfahren der Integrationskondensator eine bestimmte, konstante Zeit aufgeladen wird, dauert beim Charge-balancing-Integrator die Aufladung so lange, bis die Kondensatorspannung einen bestimmten Schwellwert unterschreitet. Dann wird ein konstanter Referenzstrom vom Eingangsstrom abgezogen und der Kondensator entlädt sich, bis der Schwellwert wieder überschritten wird. Dieser Vorgang wiederholt sich, bis die Umsetzungsperiode beendet ist. Diese Arbeitsweise ermöglicht einfache und – da keine sehr hohen Anforderungen an die Bauelemente gestellt werden – kostensparende A/D-Umsetzer (siehe hierzu ELEKTRONIK 1974, H. 12, S. 469).

Cinching

Der Ausdruck *„cinching"* kommt aus der Magnetbandtechnik. Der entsprechende deutsche Ausdruck dafür wäre „Fensterbildung". Man versteht darunter das Zusammenkleben der magnetischen Oxydschicht mit dem rückseitigen Polyester-Träger, das zu erheblichen Unregelmäßigkeiten beim Aufwickeln des Magnetbandes führen kann. Dieser Effekt tritt aber in der Regel nur dann auf, wenn die Oberfläche der Vorder- und Rückseite sehr glatt ist, so daß der zu niedrige Reibungskoeffizient ein gleichmäßiges Gleiten der Bandlagen verhindert.

Clipper-Schaltung

Mit einer „Clipper"-Schaltung ist eine einstellbare Begrenzung von Meßsignalen möglich. Dies ist beispielsweise erforderlich, wenn geringe Potentialschwankungen eines Signales registriert werden sollen, ohne daß zwischendurch auftretende Potentialsprünge bzw. Spannungsspitzen („Spikes") mit sehr viel größeren Amplituden die Meßanordnung und das Registriergerät übersteuern und damit kurzzeitig blockieren. Eine solche Schaltung beschneidet die Potentialspitzen oberhalb eines vorgegebenen Wertes und ermöglicht dadurch gewissermaßen eine „Ausschnittvergrößerung" auf elektrischem Wege (siehe ELEKTRONIK 1974, H. 7, S. 250).

Clutter

Unter *„clutter"* versteht man in der Radartechnik Störechos, die von Wolken- und Bodenreflexionen herrühren. Man kann diese Störsignale mit einem Zielextraktor unterdrücken.

CMC-7-Schrift

CMC 7 ist die Abkürzung der französischen Bezeichnung *Caractère Magnétique Code à 7 bâtonnets*. Diese Magnetschrift ist je Buchstabe oder Ziffer aus bis zu sieben Strichen oder Teilstrichen von unterschiedlicher Länge und mit unterschiedlichem Abstand voneinander zusammengesetzt. Sie umfaßt zehn Ziffern, 26 Großbuchstaben und fünf Hilfszeichen, die vom Deutschen Normenausschuß unter DIN 66 007 genormt sind. Neuerdings wurde ein Verfahren entwickelt, nach dem diese Magnetschrift auch optisch gelesen werden kann.

CMOS/SOS

= *complementary symmetry MOS/silicon-on-sapphire*. Die in dieser Technik hergestellten monolithischen MOS-Bauelemente schalten fast genauso schnell wie bipolare, emittergekoppelte Schaltungen (also im Nanosekundenbereich), benötigen jedoch zum Betrieb nur den millionsten Teil an Leistung. Sie können außerdem aufgrund der gleichen Speisespannung direkt mit bipolaren ECL- bzw. TTL-Schaltungen gekoppelt werden. All dies wurde erreicht durch die Verwendung von Saphir als Grundsubstrat, das sehr gute Isoliereigenschaften besitzt. Auf dieses Substrat wird dann eine sehr dünne (1 µm), n- und p-dotierte, einkristalline Silizium-Schicht aufgebracht. Die Gate-Elektroden der bekannten COS/MOS-Elemente (neuerdings auch mit CMOS abgekürzt) bestehen nicht, wie bisher, aus Aluminium, sondern wie bei den Silicon-Gate-Schaltungen aus polykristallinem Silizium (Grund: kurze Kanallängen möglich, dadurch hohe Geschwindigkeit).

CNC

= die Abkürzung für *„Computerized Numerical Control"*. Hinsichtlich der Steuerung von Werkzeugmaschinen unterscheidet man zwischen NC (Numerical Control)- und CNC-Maschinen. Während bei NC-Maschinen die Bearbeitungsfolge durch das z. B. auf dem Lochstreifen gespeicherte Programm fest vorgegeben ist, enthalten CNC-Maschinen einen Kleinrechner, der die Flexibilität solcher Anlagen erheblich erhöht. So lassen sich z. B. vom Bedienungspersonal jederzeit Programmänderungen vornehmen, um sich veränderten Gegebenheiten anzupassen, so daß man optimal produzieren kann. Diese Anpassungsfähigkeit kostet natürlich Geld, weshalb CNC-Maschinen hauptsächlich Spezial-Anwendungen vorbehalten sind.

COBOL

Common Business Oriented Language (COBOL) ist die Bezeichnung für eine problemorientierte Programmiersprache für den allgemeinen Geschäftsbetrieb. Mit ihr werden deshalb fast ausschließlich kommerzielle Vorgänge für die Verarbeitung in EDV-Anlagen programmiert. Die Sprache ist für die Bewältigung großer Datenmengen ausgelegt. Dabei muß auf die verwendete EDV-Anlage keine Rücksicht genommen werden. Für die Übersetzung in die jeweilige Maschinensprache stehen in der Regel Übersetzungsprogramme der Anlagenhersteller zur Verfügung. COBOL arbeitet mit der englischen Sprache entnommenen Formulierungen.

CODASYL

= Abkürzung für „Conference on Data Systems Languages". Man versteht darunter eine amerikanische Vereinigung von EDV-Herstellern und -Benutzern, die im Bereich der Datenbanksysteme neue Standards setzten, die sowohl die Entwicklung als auch die Anwendung solcher Systeme betreffen. Beispielsweise müssen Datenbanksysteme so strukturiert werden können, daß sie die logische Struktur einer integrierten Organisation (z. B. eines Unternehmens) nachbilden.

Compiler

Das in einer höheren Programmiersprache (z.B. Algol, Fortran) geschriebene Programm muß durch ein Übersetzungsprogramm (Compiler) vor oder während der Ausführung des Programms in einem Rechner in die Maschinensprache dieses Rechners übersetzt werden. Dabei wird mit Hilfe eines Übersetzungsprogramms aus dem Quellenprogramm ein Objektprogramm erzeugt, das der Rechner direkt verarbeiten kann. Eine sog. Compilierung liegt dann vor, wenn die Übersetzung räumlich oder zeitlich getrennt vom eigentlichen Ablauf des Programms durchgeführt wird. Ist der Übersetzungs-Rechner nicht mit dem ausführenden Rechner identisch, spricht man von „off-line-Compilierung" im Gegensatz zu „on-line-Compilierung".

COM-Systeme

Dieser Ausdruck stammt aus der Mikroverfilmung und bedeutet: *Computer-Output-Microfilmer*. COM-Systeme, auch Mikromation genannt, arbeiten nach folgendem Prinzip: Die von einem Computer kommenden Steuersignale lenken einen Elektronenstrahl in X- und Y-Richtung ab, der dann auf den Bildschirm einer Elektronenstrahlröhre die gewünschte Darstellung aufzeichnet (Elektronenstrahlplotter). Dieses Bild bzw. diese Information wird danach durch eine Kamera auf Mikrofilm übertragen. Ein anderes System verzichtet auf die Zwischenschaltung des Bildschirms und schießt den Elektronenstrahl unter Vakuum direkt auf den Film. Die wichtigsten Vorteile solcher Systeme gegenüber herkömmlichen Schnelldruckern sind die enorme Geschwindigkeit, mit der geschrieben werden kann, und die ausgezeichnete Archivierbarkeit der Belege in Form von Mikrofilmen bzw. Microfiches.

COS

Diese für „calculator on substrate" stehende Abkürzung wurde in Japan geprägt. Man versteht darunter den Aufbau eines gesamten Rechners (Taschenrechners) einschließlich Tastatur und Flüssigkristallanzeige (LCD) auf einem Glas-Substrat. Die Herstellung erfolgt in Dünnfilm- und Dickschicht-Technik. Bei diesem Aufbau bestehen die Tasten aus leitenden Elastomer-Scheiben, die gegen Kontaktkämme gedrückt werden.

CRC

= *Cyclic Redundancy Checking*. Es handelt sich hier um ein Verfahren zur Fehlererkennung von Daten, die seriell übertragen werden (z. B. in Verbindung mit Floppy Disks, Digital-Kassetten). Damit eine Fehlererkennung am Ende der Übertragung überhaupt möglich wird, muß der Datenstrom bzw. müssen die Datenwörter senderseitig durch ein Polynom z. B. der Form $x^{16}+x^{15}+x^2+1$ dividiert werden (Codierung). Empfängerseitig wird das jetzt aus Daten- und Prüfbits bestehende Datensignal wiederum durch das gleiche Generator-Polynom dividiert (Decodierung). Liefert die Division ein Ergebnis ohne Rest, liegt kein Übertragungsfehler vor. Die erforderlichen CRC-Schaltungen werden bereits als integrierte Bausteine angeboten, die sowohl die Prüfschaltung als auch den Polynom-Generator enthalten.

Crestfaktor

Der „Crestfaktor" ist das Verhältnis von Spitzen- bzw. Scheitelwert zu Effektivwert bei nicht sinusförmigen Signalen. Solche Signale treten sehr häufig in der Energietechnik, z. B. bei Phasenanschnittsteuerungen, auf. Leistungsmessungen sind hier mit dem klassischen elektrodynamischen Wattmeter nur beschränkt möglich (Voraussetzungen: sinusförmiger Spannungs- und Stromverlauf, enger Frequenzbereich). Deshalb benötigt man hierzu Meßgeräte, die einen hohen Crestfaktor verarbeiten können. Zum Beispiel mit Hilfe der SEM-Technik lassen sich solche Messungen elegant durchführen (vgl. ELEKTRONIK 1973, H. 9, S. 310).

Cross-Assembler

Mit einem Assembler-Programm erfolgt die schrittweise Umsetzung des mnemotechnischen Programmcodes (Quellenprogramm) in die binäre Form der Maschinendarstellung. Wenn der Assembler auf dem Mikroprozessorsystem selbst läuft, bezeichnet man ihn als *resident;* wird er dagegen auf anderen Anlagen realisiert, spricht man vom *Cross*-Assembler. Bei diesen Anlagen handelt es sich meist um größere Systeme, wie z. B. Timesharing-Systeme.

CTD

= charge transfer devices; man versteht darunter als Oberbegriff die sogenannten „Ladungsverschiebeschaltungen". Sie stellen eine Art Schieberegister dar, bei dem unter Verwendung eines Taktsignals eine bestimmte elektrische Ladung von Speicherelement zu Speicherelement „geschoben" wird. Im Gegensatz zu den üblichen Schieberegistern mit MOS-Transistoren lassen sich Ladungsverschiebeschaltungen einfacher integrieren und nehmen pro Verschiebestufe eine kleinere Fläche ein; außerdem können damit nicht nur digitale sondern auch analoge Signale übertragen werden. Grundsätzlich unterscheidet man zwischen Eimerkettenschaltungen (bucket brigade devices), die mit MOS-Transistoren aufgebaut sind, und ladungsgekoppelten Schaltungen (charge coupled devices), die mit MOS-Kondensatoren arbeiten.

CTR

= Abkürzung für *current transfer ratio* = Gleichstrom-Übertragungsverhältnis. Man versteht darunter bei Vierpolen ganz allgemein das Verhältnis Ausgangsstrom zu Eingangsstrom. Speziell bei optoelektronischen Kopplern (Opto-Kopplern) kann z. B. der Eingangsstrom der Vorwärts- bzw. Durchlaßstrom einer Leuchtdiode oder eines IR-Emitters sein. Als Ausgangsstrom kommen beispielsweise der Fotostrom eines Fotoelements, einer Fotodiode, eines Fototransistors (bei gegebener Kollektor-Emitter-Spannung) usw. in Frage. Dieses Verhältnis wird meist in Prozentzahlen angegeben.

CUU

Die Abkürzung CUU bedeutet „computerunterstützter Unterricht".

D

DAP-Effekt

= Funktionsprinzip von Flüssigkristall (FK)-Anzeigeelementen. Es handelt sich hier um einen elasto-elektrischen Effekt, bei dem bei Anlegen eines elektrischen Wechselfeldes eine „Deformation aufgerichteter Phasen“(= DAP-Effekt) im Flüssigkristall auftritt. Dies macht sich in der FK-Schicht durch das Umschalten von der sog. homöotropen in eine stabile homogene Orientierung bemerkbar. Ordnet man vor und hinter der Zelle je einen Polarisator an, ist die Zelle ohne Spannung undurchlässig, mit angelegter Spannung dagegen durchlässig. Das gilt exakt nur für monochromatisches Licht. Deshalb ist bei normalem Licht und auch aus anderen Gründen eine Schwarz-Weiß-Steuerung relativ schwierig, andererseits ist jedoch die Erzeugung nahezu beliebiger Farben möglich (siehe ELEKTRONIK 1974, H. 4, S. 121...124).

data-strobe

Ein *Strobe*-Impuls, der mit einer Information (hier: „Data“ = Dateninformation) logisch in einer Konjunktion verknüpft wird, bewirkt, daß diese Information nur für die Strobe-Impulsdauer am Ausgang der UND-Verknüpfung zugänglich ist. Die Information kann also, nachdem der Einschwingvorgang beendet ist, richtig und sicher für die Zeitdauer des Impulses „abgetastet“ werden (Strobe-Impuls = Auswerte-Impuls).

DDA

Digital Differential Analyzer = Ziffern- bzw. Digitalintegrier-Rechenanlage. Diese Art von Rechner eignet sich insbesondere zur Lösung von Differentialgleichungen, die zum Beispiel physikalische Bewegungsvorgänge beschreiben. Jedoch werden im Gegensatz zu Analogrechnern die notwendigen Integrationsstufen nicht analog (z. B. mittels Operationsverstärker), sondern digital bzw. schrittweise anhand von Zählern durchgeführt. Die Anzahl der dabei in der Zeiteinheit auflaufenden Differenzenquotient-Impulse ist ein Maß für den tatsächlichen Differentialquotienten. Die digitale Integrieranlage steht etwa zwischen Analog- und Digitalrechner. Sie arbeitet ähnlich genau wie ein Digitalrechner und die Zusammenschaltung der Rechenelemente gleicht der im Analogrechner. Der Aufwand für eine solche Anlage ist deshalb beträchtlich (vgl. ELEKTRONIK 1970, H. 6, S. 209...211).

DDC

Direct digital control = digitale Vielfachregelung. Bei dieser Regelungsart werden die Regler durch einen Prozeßrechner ersetzt, d. h. die Ausgangssignale des Rechners wirken direkt auf die Stellglieder (z. B. Ventile, Schieber usw.).Die Regelung selbst wird softwaremäßig vorgenommen. Dieses Verfahren erlaubt einen höheren Grad an Automatisierung sowie eine größere Flexibilität in der Konzipierung und im Ablauf. Jedoch erfordert es eine höhere Zuverlässigkeit und Verfügbarkeit. Bei konventionellen Prozeßrechnereinsätzen kann im Störungsfalle der Prozeßrechner abgetrennt und mit Hilfe der konventionellen Regler ein Betrieb aufrechterhalten werden. Beim DDC-Verfahren jedoch muß ein Ersatzrechner verfügbar sein, oder ein kompletter Satz konventioneller Regler in Bereitschaft stehen.

Debug-Programm

Unter „Debugging" versteht man die Fehlersuche bzw. -erkennung in Programmen, die vom Anwender selbst entwickelt wurden. Zur Durchführung dieser Aufgabe stellen die Mikroprozessor-Hersteller spezielle Hilfsprogramme zur Verfügung, die als Debug-Programme bekannt sind.

Deltaverta

Der Ausdruck „Deltaverta" ist ein Firmenname und bezeichnet ein Verfahren zum Digitalisieren und (Fern-) Übertragen von Analogdaten. Eine Deltaverta-Übertragungsstrecke besteht auf der Sendeseite aus dem Codierer und auf der Empfangsseite aus dem Decodierer. Kernstück des Codierers ist ein sog. Delta-Sigma-Umsetzer, der eine binäre Ausgangspulsfolge liefert, deren mittlere Folgefrequenz der Amplitude des angelegten Analog-Eingangssignals proportional ist. Jeder einzelne Impuls dieser Folge ist synchron mit einem von außen zugeführten Taktsignal. Der Decodierer setzt die digitalisierten Signale nach der Datenübertragung wieder in eine analoge Spannung um. Obwohl das Taktsignal mitübertragen werden muß, ergeben sich relativ einfache Anlagen (siehe ELEKTRONIK 1974, H. 8, S. 285...288).

DFT, Diskrete Fouriertransformation

Bei der DFT wird das zu transformierende kontinuierliche Signal in Zeitabschnitte der Dauer T zerlegt, von denen jeder N im gleichen Zeitabstand ΔT entnommene diskrete Abtastwerte liefert. Durch Multiplikation mit komplexen Zahlen und Aufsummierung werden aus diesen N reellen zeitlichen Abtastwerten N/2 diskrete komplexe Abtastwerte des Spektrums errechnet (Spektral-„Linien" nach Amplitude und Phase im Frequenzabstand 1/T). Dieses Spektrum wiederholt sich periodisch bei Vielfachen der Abtastfrequenz $1/\Delta T$. Besondere Probleme sind die Vermeidung von Rückfaltung, spektraler Verbreiterung durch das Zeitfenster der Dauer T und der spektralen Welligkeit (picket-fence-Effekt).

DIAP

Um DDA-Rechenelemente (Digital Differential Analyzer) bei der Prozeßautomatisierung einsetzen zu können, wurde im Rahmen des in der BRD staatlich geförderten Projekts PDV (Prozeß-Daten-Verarbeitung) die sogenannte DIAP-Einheit entwickelt; die Abkürzung steht für „Digitally Implemented Analogue Processing". Die Einheit enthält DDA-Rechenelemente, die praktisch mit der Geschwindigkeit eines Analogrechners arbeiten; sie wird mit einem normalen digitalen Prozeßrechner ähnlich wie der zu steuernde Prozeß selbst verkoppelt und bildet mit diesem ein hybrides System von hoher Geschwindigkeit und Präzision.

Dienstprogramme

Innerhalb des Betriebsystems unterstützen Dienstprogramme das Arbeiten mit den an die Datenverarbeitungsanlage angeschlossenen Speichern und Ein-Ausgabegeräten. Es sind weitgehend allgemein verwendbare Programme, die meist mit Hilfe von vor dem Ablauf eingegebenen Parametern (durch Bedienung oder Steuerlochkarten) für eine spezielle Aufgabe modifiziert werden. Die wichtigsten Dienstprogramme sind: *Umsetzprogramme* zum Umsetzen von Daten zwischen externen Speichern und/oder Ein-Ausgabegeräten; *Protokollierprogramme* zum Ausdrucken von Daten in allen interessierenden Darstellungsarten (auch bisweilen Abzugsprogramm genannt); *Etikettierprogramme* zum Etikettieren von Externspeichern; *Bibliothekswartungsprogramme* für die Neuaufnahme, das Ersetzen oder Löschen von Programmen oder Daten auf den Externspeichern.

Digilin

= die Zusammenfassung von „digital" und „linear". Unter einer *Digilin*-Schaltung versteht man eine monolithisch integrierte Schaltung, bei der auf ein und demselben Chip sowohl digitale als auch lineare Funktionen realisiert sind. (An sich ist die Bezeichnung „linear" in diesem Zusammenhang falsch, weil ja von „digital" das Gegenteil „analog" ist. Außerdem verhalten sich lineare Schaltungen *[linear circuits]* in den meisten Fällen nicht „linear".)

Diskette

Dies ist eine kleine in eine Schutzhülle von ca. 20 cm Seitenlänge fest veschlossene Magnetplatte, die ein Datenvolumen aufnehmen kann, das etwa 2000 bis 3000 Lochkarten entspricht. Die Diskette wird über eine Tastatur beschrieben, wobei eine Sichtprüfung über den Bildschirm erfolgt. Außerdem ersetzt sie Karteien und Listen: durch Eingabe eines Suchbegriffs wird die gewünschte Information auf dem Bildschirm angezeigt. Bei Verwendung einer entsprechenden Ein-/Ausgabe-Einheit können die auf der Diskette gespeicherten Daten direkt in das EDV-System eingelesen werden. Dabei sind Lesegeschwindigkeiten bis zu 3800 Sätzen in der Minute möglich; bei der Datenausgabe wird eine Schreibgeschwindigkeit von 2700 Sätzen in der Minute erreicht.

Displacement

= Distanzadresse. In bestimmten Fällen kann bei EDV-Anlagen in einem Befehl die Adresse eines anzusprechenden Operanden in zwei Teilen angegeben werden. Bei der Ausführung des Befehls werden die beiden Teile addiert; die Summe bildet dann die reelle Adresse des Operanden. Der 1. Teil der Adresse ist die Grund- oder Basisadresse. Diese entspricht meist dem Inhalt eines Registers (Basisadreßregister, Indexregister). Der 2. Teil der Adresse gibt dann den Abstand der reellen von der Grundadresse an.

DMA

= Abkürzung für *„direct memory access"* = direkter Speicherzugriff. Über den sogenannten DMA-Kanal eines Datenverarbeitungssystems ist es möglich, Daten *direkt aus dem Hauptspeicher* des Rechners auszulesen, und zwar, was das Wichtigste ist, mit einer sehr hohen Übertragungsgeschwindigkeit. Normalerweise erfolgt der wesentlich langsamere Datenverkehr zwischen Zentraleinheit und peripheren Geräten über den programmgesteuerten Ein-/Ausgabekanal.

DNC

Abart der numerischen Werkzeugmaschinensteuerung (NC), bei der mit einem zentralen Rechner gearbeitet wird, der mehrere Maschinen direkt steuert (DNC = *Direct Numerical Control,* ähnlich DDC = *Direct Digital Control* in der Prozeßsteuerung). Der Begriff der ,,direkten" Steuerung wurde in der Tat aus der Prozeßsteuerungstechnik übernommen und er sagt aus, daß die einzelne Maschine keine eigenen Steuerungs- und Regelkreise mehr besitzt, sondern direkt einer Zentrale unterstellt ist. Das ist eine Vereinfachung, aber auch ein Nachteil, denn beim Ausfall des Zentralrechners stehen alle angeschlossenen Maschinen still.

DOT-Speicher

Bei diesen in den USA entwickelten, magnetischen DOT-Speichern (DOT steht für *domain tip propagation*) wird im Gegensatz zu Magnetbändern, -platten und -trommeln das magnetische Speichermedium mechanisch nicht bewegt. Sie bestehen aus einem Glas-Substrat mit aufgedampften Aluminium-Leiterzügen, die überdeckt sind von einer 100 nm dicken Schicht einer Nickel-, Eisen- und Kobaltlegierung, die magnetisch anisotrop ist. Über dem glatten Substrat beträgt ihre Koerzitivkraft etwa 6 Oe, über den viel rauheren Al-Leitern 40...60 Oe. Vor der Informationsspeicherung wird die Schicht leicht vormagnetisiert. Daraufhin erzeugt man durch lokale Magnetfelder an bestimmten Stellen innerhalb der niederkoerzitiven Kanalbereiche Domänen mit umgekehrter Magnetisierungsrichtung, deren geometrische Verteilung die Information enthält. Sie kann man durch einen magnetisch zugeführten Takt zirkulieren lassen.

DOLOG

Diese Abkürzung wird als Name eines Software-Systems verwendet, das Logik-Bausteine simuliert (Do Logic). Es besteht aus 16 Grundbausteinen, die in fünf Kategorien aufgeteilt werden: Logik, Arithmetik, Taktkettenbausteine für Ablaufsteuerungen, Transport- und Sprungbausteine. Mit dem Grundbefehlsvorrat, den „Bausteinen" von DOLOG, lassen sich neben einfachen Steuerungsbausteinen auch komplizierte Großbausteine aufbauen. Das System läuft darauf hinaus, in Zusammenarbeit mit einem Mikroprozessor die klassischen festverdrahten Logik-Schaltwerke durch frei programmierbare Hardware/Software-Systeme zu ersetzen.

Drehzellen-Effekt

Bestimmte Flüssigkristalle drehen polarisiertes Licht um 90°. Bringt man vor und nach der Flüssigkristallschicht Polarisationsfolien, die gegeneinander um 90° gedreht sind, in den Strahlengang, so tritt das einfallende Licht mit voller Intensität durch die Anordnung hindurch. Legt man nun ein elektrisches Feld an, so ändert sich der Drehwinkel der Flüssigkristalle, das polarisierte Licht wird nicht mehr genügend gedreht und kann den Ausgangspolarisator nur mehr teilweise durchdringen. Im Gegensatz zur dynamischen Streuung setzt dieser Feldeffekt, wie er auch genannt wird, keinen Stromfluß voraus. Man nützt diese Erscheinung heute für Anzeigeelemente (siehe hierzu auch ELEKTRONIK 1976, H. 4, S. 41).

DRO

Abkürzung für *destructive readout* = „zerstörendes" Auslesen (von Informationen aus einem Speicher). Im Gegensatz zu allen Halbleiterspeichern, die zerstörungsfreies Auslesen (non destructive readout, abgekürzt NDRO) ermöglichen, geht beim Kernspeicher die Information bei deren Auslesen im Speicher selbst verloren. Aus diesem Grunde muß die gelesene Information durch einen zusätzlichen Schreibtakt wieder abgespeichert werden (siehe auch Stichwort „NDRO").

DSM

= dynamic scattering mode = dynamische Streuung. Dieses Prinzip, das auf einem elektrohydrodynamischen Effekt beruht, wird für Flüssigkristall (FK)-Anzeigeelemente verwendet: Dabei befindet sich zwischen zwei Platten mit leitenden Oberflächen eine dünne Schicht eines sog. nematischen flüssigen Kristalls. Sie kann sowohl eine homogene wie eine homöotrope Orientierung aufweisen und ist daher klar durchsichtig. Bei Anlegen einer bestimmten Spannung bzw. Feldstärke trübt sich die Flüssigkeit und die Schicht wird vollständig undurchsichtig. Diese Trübung ist auf eine heftige, turbulente, mikroskopische Bewegung der Flüssigkeit zurückzuführen, so daß das auffallende Licht stark gestreut wird (siehe ELEKTRONIK 1974, H. 4, S. 121...124).

DTA

= Abkürzung für *Differenzthermoanalyse.* Diese Methode erlaubt in der organischen, anorganischen und Polymerchemie sowie in der Festkörperphysik die quantitative Bestimmung von spezifischen Wärmen sowie von Schmelz- und Umwandlungsenthalpien. Eine entsprechende Anlage besteht z. B. aus einem Ofenkörper aus Reinsilber und einem symmetrisch aufgebauten Differenz-Temperaturfühler aus aufgedampften Gold-Nickel-Thermosäulen. Das Meßprinzip beruht dabei auf dem Ohmschen Gesetz der Wärme: $\mathrm{d}q/\mathrm{d}t = \Delta T/R$, wobei der Differentialquotient $\mathrm{d}q/\mathrm{d}t$ der Wärmestrom zur Probe und ΔT die Temperaturdifferenz zwischen Probe und Referenz bedeuten; R ist der Wärmewiderstand des Meßsystems. Enthaipieänderungen werden durch Integration des DTA-Signals über den interessierenden Zeitabschnitt ermittelt:

$$\int_{t_1}^{t_2} \frac{\mathrm{d}q}{\mathrm{d}t} \cdot \mathrm{d}t = \Delta H$$

DVOR

Abkürzung für *Doppler Very high frequency Omnidirectional Radio Range.* Das DVOR ist eine im Frequenzbereich 112 bis 118 MHz arbeitende Funknavigationsanlage für die Mittelstrecken-Navigation von Zivilflugzeugen. Es stellt eine Weiterentwicklung des weltweit erprobten Funknavigationsmittels VOR dar. Wie dieses ermöglicht auch das DVOR-System einen Flug auf sogenannten „Luftstraßen", indem es dem Flugzeugführer die Azimutinformation und die Kursabweichungsinformation liefert. Während das VOR-Verfahren über hügeligem Gelände oder gar im Gebirge infolge störender Reflexionen oft keine zufriedenstellenden Ergebnisse liefert, erreicht man beim DVOR-System durch Ausnützung des Dopplereffektes und Anwendung einer großen Antennenbasis eine um mehr als den Faktor 10 erhöhte Genauigkeit gegenüber dem VOR-Verfahren (Lit.: ELEKTRONIK 1968, H. 12, S. 389...391).

DYCMOS

Die DYCMOS-Technik – oder dynamische CMOS-Technik (dynamic complementary MOS) – hat prinzipiell die gleichen Eigenschaften wie die bekannte CMOS-Technik, also: a) Betrieb mit nur einer Speisespannung, die nicht stabilisiert zu sein braucht, b) hohe Störsicherheit und c) extrem niedriger Leistungsverbrauch. Der wesentlichste Unterschied besteht in der Betriebsart: Während CMOS-Schaltungen statisch arbeiten, müssen DYCMOS-Schaltungen – wie schon der Name sagt – dynamisch betrieben werden. Hierzu ist eine Taktfrequenz erforderlich. Andererseits beansprucht die DYCMOS-Technik weniger Chipfläche und zwar wird erstens durch den dynamischen Betrieb die Anzahl der Elemente reduziert und zweitens sorgt ein DYCMOS-gerechter Systementwurf für die Einsparung von Chip-Verdrahtungsfläche (siehe ELEKTRONIK 1974, H. 7, S. 264...265).

Dynamische Streuung

Bestimmte Flüssigkristalle haben längliche Moleküle, deren elektrisches Dipolmoment nicht mit der Längsachse übereinstimmt. Die Moleküle sind so klein, daß die Flüssigkeit vom Licht durchdrungen wird. Tritt nun ein elektrisches Feld auf, so stellen sich die Moleküle schräg zur Flußrichtung der Ionen, die dem elektrischen Feld folgen. Dadurch treten Turbulenzen auf, die zur Bildung von Großmolekülen führen: Die Flüssigkeit wird undurchsichtig. Diesen Effekt der „dynamischen Streuung" nützt man bei Flüssigkristall-Anzeigeelementen aus (siehe hierzu auch ELEKTRONIK 1976, H. 4, S. 41).

E

EAROM

Der EAROM ist ein programmierbarer Festwertspeicher (PROM), dessen Speicherinhalt elektrisch änderbar ist. Die englische Bezeichnung lautet: Electrically Alterable Read-Only Memory. Die Programmierung solcher Festwertspeicher erfolgt gewöhnlich mit kräftigen Stromimpulsen relativ kurzer Dauer. Im Gegensatz dazu sind Festwertspeicher auch maskenprogrammierbar (anhand der Metallisierungsmaske); auf sie wird vorwiegend bei sehr hohen Stückzahlen zurückgegriffen.

EBSICON-Röhre

Während beim Silizium-Vidikon das aufzunehmende Bild direkt auf die Si-Wandlerschicht (Target) gelangt (Photonenanregung), ist bei den sog. EBSICON-Bildaufnahmeröhren eine Fotokatode vorgeschaltet. Sie projiziert in Verbindung mit einem elektronenoptischen Abbildungssystem ein „Bild" schneller Elektronen auf die zweite Wandlerschicht, das Silizium-Target. Das heißt, in diesem Fall erfolgt die Anregung durch Elektronen. Daraus entstand auch die Bezeichnung EBSICON: **E**lektronen **B**eaufschlagtes **S**ilizium-Target. Solche Röhren zeichnen sich insbesondere durch eine extrem hohe Lichtempfindlichkeit und durch ein geringes Restsignal aus (siehe ELEKTRONIK 1974, H. 2, S. 56).

Echtzeit-Analyse (Real-time Analysis)

Wenn ein Frequenzband mit einer frequenzmäßigen Auflösung von mf analysiert werden soll, muß nach der Ungenauigkeitsrelation der praktischen Schwingungsanalyse ein zeitlicher Signalausschnitt der Länge $T = 1/\Delta f$ genommen werden. Von Echtzeitanalyse spricht man dann, wenn die Gewinnung (Messung oder Errechnung) des Spektrums nicht mehr Zeit in Anspruch nimmt, als diese von der Frequenzauflösung diktierte Zeit T. Ein Beispiel aus der analogen Schwingungsmeßtechnik ist eine Filterbank aus parallelgeschalteten Filtern der Bandbreite Δf. In der Wirkung vergleichbar sind digitale Verfahren (schnelle Fouriertransformation) und gemischt digital/analoge Verfahren, die auf dem Prinzip der Beschleunigung des Zeitablaufes beruhen.

Editor-Programm

In der Rechnertechnik und insbesondere in der Mikroprozessor-Technik bezeichnet man als „Editor“ bzw. „Text-Editor“ ein Hilfsprogramm, das einerseits erst den Datenverkehr zwischen Mikroprozessor und Mensch ermöglicht und andererseits verschiedene Änderungen eines vom Anwender erstellten Programmes erlaubt. In der Regel ist der Editor im Lieferprogramm des Mikroprozessor-Herstellers enthalten, ebenso der sog. *Bootstrap-Loader,* der zum Laden dieses Programms (in den Arbeitsspeicher) dient. Manchmal ist der Editor auch fest in einem ROM enthalten (siehe hierzu auch ELEKTRONIK 1976, H. 3, S. 79).

EDS

= elektronisches Datenvermittlungs-System. Es handelt sich hierbei um eine vollelektronische und kontaktlose (weitgehend aus integrierten Schaltungen aufgebaute), rechnergesteuerte und automatische Vermittlung für Datennetze. Vermittlungen dieser Art schalten bei digitalen Nachrichtennetzen (bei der Bundespost als *Telex* und *Datex* bezeichnet) die gewünschten Verbindungen von Teilnehmer zu Teilnehmer schnell, direkt und sicher durch.

E^2L

E^2L *(emitter-to-emitter-coupled logic)* ist die Bezeichnung für eine verbesserte Version der herkömmlichen und bekannten ECL-Schaltungen *(emitter-coupled logic).* Der wichtigste Unterschied besteht in der Eingangs/Ausgangs-Struktur: Während bei ECL-Schaltungen der Eingang als Stromschalter und der Ausgang als Emitterfolger ausgebildet sind, ist es bei den E^2L-Schaltungen gerade umgekehrt. Auf diese Weise wird der Einfluß der Miller-Kapazität wesentlich herabgesetzt, so daß sich kürzere Schalt- bzw. Verzögerungszeiten ergeben. Der erreichbare Ausgangsspannungshub ist mit 600 mV (von 0 V bis –0,6 V) gegenüber 800 mV (von –0,8 bis –1,6 V) bei ECL-Schaltungen etwas geringer.

emulation

In den USA gebräuchlicher Ausdruck aus der EDV. Man versteht darunter die Angleichung einer Maschinensprache an eine andere Maschinensprache ohne die Anwendung von Übersetzer-Programmen, die einen erheblichen Zeitverlust verursachen würden. Bei der *emulation,* die man als *Schnellübersetzung* bezeichnen könnte, werden die gleichbleibenden Befehle nicht übersetzt oder umgesetzt, also direkt durchgeschaltet; nur die zu ändernden Befehle werden über Festwertspeicher (ROM) sehr schnell umcodiert.

ENR (bei Potentiometern)

= *equivalent noise resistance.* Der *äquivalente Rauschwiderstand* eines Potentiometers wird quantitativ definiert durch einen gleichwertigen parasitären Übergangswiderstand (in Ω) zwischen Schleifer und Fußpunkt des Widerstandselements, unter der Voraussetzung, daß die Achse bewegt wird. Er setzt sich aus ausgangsseitigen Widerstandsänderungen zusammen, die z. B. durch den Übergangswiderstand zwischen Schleifer und Draht, durch Oxidation von Widerstandsdrähten, durch Staub auf dem Schleiferweg usw. hervorgerufen werden. Zur Ermittlung des ENR „belastet" man das Potentiometer mit einem konstanten Meßstrom (z. B. 1 mA) und treibt die Schleiferwelle mit 4 U/min an. Die dabei entstehenden Spannungsspitzen werden registriert und gemessen; sie ergeben, geteilt durch den Meßstrom, den äquivalenten Rauschwiderstand.

ENRZ-Format

Die Abkürzung ENRZ setzt sich aus E = Enhanced und NRZ = Non Return to Zero zusammen. Es handelt sich dabei um eine von der Firma Bell & Howell geschützte Bezeichnung für ein PCM-Format (PCM: Puls-Code-Modulation), das entwickelt wurde, um serielle PCM-Daten mit maximaler Bitrate auf einem Analogbandgerät aufzeichnen zu können. Das Format ähnelt dem in den IRIG-Normen festgelegten NRZ-Format, jedoch wird bei der Aufnahme einer Bit-Gruppe (7 bit) ein Paritätsbit hinzugefügt, das man bei der Wiedergabe unterdrückt. Mit dem ENRZ-Format ist somit eine hohe Packungsdichte bei niedriger Fehlerrate erreichbar (siehe auch ELEKTRONIK, H. 3/75, S. 72...79).

ESER

Einheitliches System elektronischer Rechentechnik, abgekürzt ESER, ist das in den sozialistischen osteuropäischen Staaten eingeführte EDV-System, bei dem besonders auf die Kompatibilität (d. h. Austauschbarkeit) der Zentraleinheiten und der Peripheriegeräte untereinander geachtet wird. In der Sowjetunion läuft dieses System unter der Abkürzung RIAD (vgl. ELEKTRONIK 1975, H. 2, S. 77...80).

ESFI

ESFI ist die Abkürzung für „epitaxialer Silizium-Film auf Isolatoren". Mit der ESFI-Technik, die sich an die bekannte SOS (silicon on sapphire)-Technik anlehnt, lassen sich MNOS-Speicher mit besonders kurzer Zugriffszeit herstellen, die mit der von bipolaren Speichern vergleichbar ist. Daran hat die Verringerung parasitärer Kapazitäten durch einen Isolator als Substrat wesentlichen Anteil: Zwischen den Transistoren eines MNOS-Speichers kann man den Silizium-Film wegätzen und damit Nebeneffekte zwischen zwei benachbarten Speicherelementen vermeiden. Schließlich besteht auch noch die Möglichkeit, den Substratanschluß jedes Speichertransistors einzeln zu kontaktieren und darüber die Informationen einzuschreiben oder zu löschen (vgl. ELEKTRONIK 1974, H. 1, S. 2).

Evaluation Kit

Von den Mikroprozessor-Herstellern werden häufig sog. *„Evaluation Kits"* (starter kits) angeboten. Dies sind vollständige Entwicklungssysteme, die in der Regel mit einem Typ des Mikroprozessors aufgebaut sind, für den die Programme erstellt werden sollen. Sie sind mit einem großen Speicher und mit Bedienelementen ausgestattet. Ihre Aufgabe besteht darin, dem Anwender die Handhabung eines Prozessors und dessen Programmierung zu erleichtern. Sie eignen sich demzufolge besonders für die Einarbeitung und Schulung.

Externes Element

Andere Bezeichnung für Peripherieeinheit, externes Element im Gegensatz zu den internen „Elementen" (= Rechenwerk, Steuerwerk, Arbeitsspeicher). Eine Peripherieeinheit ist die Kombination aus gerätespezifischer Anpassungssteuerung mit einem oder mehreren (gleichartigen) Geräten. Ein Lochstreifeneingabeelement z. B. besteht demnach aus dem Lochstreifenleser einschließlich seiner Geräteelektronik und seiner Elementsteuerung, die das Gerät an die Ein-/Ausgabe-Schnittstelle der Zentraleinheit anpaßt.

F

face bonding

Kopfüber-Kontaktierung zwischen einem Halbleiter-Chip (meist integrierte Schaltung) und einem Substrat (meist in Dickschicht-Technik bedruckt), das die vom Chip benötigten Zuleitungen trägt, bzw. bei mehreren Chips auch deren Querverbindungen untereinander. Beim *face bonding* entfallen die feinen Verbindungsdrähtchen zwischen dem Chip und der Trägerplatte und damit der feinste, teuerste und störanfälligste Teil der bisher notwendigen Handarbeit beim Kontaktieren. Der Chip wird nun „kopfüber" montiert, mit der aktiven Seite nach unten, der Trägerplatte zugekehrt. Diese trägt an den Endpunkten der mit dem Chip zu kontaktierenden Leitungen anschmelzbare Metallkügelchen oder -höcker, die durch Thermokompression direkt mit den Anschlußstellen des Chips kontaktiert werden.

fail safe – Technik

Die Gesichtspunkte dieser Technik wendet man hauptsächlich in Steuer-, Regel- und Rechenschaltungen an, von denen industrielle Prozesse oder die Führung von Fahrzeugen abhängen und bei denen die *Sicherheit* die oberste aller Forderungen ist. Fällt in einem solchen System ein Element oder ein Gerät oder ein Teil der Versorgung aus (z. B. elektrische Stromversorgung, Preßluftzufuhr, Wasserdruck), so muß die Wirkung dieses Ausfalls stets *nach der sicheren Seite* erfolgen, nicht nach der katastrophalen Seite. Beispiel: Fällt bei einem Druckregler ein Regelverstärker aus, so muß der Druck automatisch entweder auf dem zuletzt gehabten Wert gehalten oder aber abgesenkt werden, keinesfalls darf er durch den Reglerausfall ansteigen, bis eine Explosion eintritt.

FAMOS

=*floating-avalanche-injection MOS structure.* Das ist die Bezeichnung für eine MOS-Transistor-Anordnung, bei der das Gate *keinen* äußeren Anschluß erhält und vollkommen isoliert ist (mit Siliziumdioxid). Das bedeutet, das Gate ist nicht direkt zugänglich und kann demzufolge nur über eine Ladungsverschiebung beeinflußt werden. Die Ladung in Form von Elektronen im Gate entsteht durch sogenannte *Avalanche-Injection*, wenn an Drain und Source ein entsprechend hoher Spannungsimpuls bestimmter Dauer angelegt wird. Da das Gate isoliert ist, bleibt die Ladung sehr lange Zeit (mehrere Monate bzw. Jahre) erhalten. Sie kann jedoch durch UV- oder Röntgenstrahlen wieder *gelöscht* werden. Mit derartigen MOS-Transistoren lassen sich umprogrammierbare Festwertspeicher aufbauen (siehe ELEKTRONIK 1971, H. 11, S. 399...400).

Faraday-Kompensator

Man versteht darunter in der Optik ein Instrument zur Untersuchung optisch aktiver Stoffe, bei dem die Drehung der Polarisationsebene des durch die Stoffprobe hindurchtretenden Lichtstrahles aufgehoben (kompensiert) wird durch die gegensinnige Drehung, welche die Polarisationsebene des gleichen Lichtstrahles erfährt, wenn dieser durch einen aus Spezialglas bestehenden und von einem Magnetfeld durchsetzten Stab geleitet wird. Da diese zweite Drehung von der magnetischen Induktion (Flußdichte) abhängt, hat man es in der Hand, durch Einstellung oder Regelung des Spulenstromes, der das Magnetfeld erzeugt, die exakte Kompensation der beiden Drehungen herbeizuführen.

FCI

Das spezifische Merkmal von Magnetköpfen, die beispielsweise für Wechselplattenspeicher verwendet werden, ist die maximal mögliche Aufzeichnungsdichte. Diese Eigenschaft wird in der amerikanischen Literatur mit FCI (flux-changes per inch = Flußwechsel pro Inch) angegeben.

FED

Feldeffekt-Diode, ähnlich aufgebaut wie ein FET (Feldeffekt-Transistor). Der eine Anschluß führt zu Source und Gate, der andere ist der Drain-Anschluß. Die Strom-Spannungs-Kennlinie dieses Schaltelements verläuft flach, wie bei einem FET, d. h. der Innenwiderstand ist sehr hoch. Die FED wird daher als Konstantstrom-Schaltelement verwendet, im Gegensatz zur Z-Diode als Konstantspannungs-Element. Man kann auch die stabilisierende Wirkung der beiden Elemente kombinieren, z. B. eine Z-Diode über eine FED mit konstantem Strom speisen. Die Nennströme handelsüblicher FED liegen im mA-Bereich. Es handelt sich um keine echten Dioden, da keine Sperrschicht im Strompfad liegt.

Ferpic

= *ferroelectric picture.* Dieser Ausdruck bezeichnet eine Art Lichtventil aus lichtdurchlässigem Material (meist speziell dotiertes Blei-Zirkonat-Titanat), welches durchtretende Lichtstrahlen örtlich verschieden in beeinflußbarer Weise bricht, so daß die Speicherung und Darstellung von Bildern möglich wird. Eine solche Keramikplatte hat an zwei gegenüberliegenden Randflächen ein Elektrodenpaar zur Erzeugung eines homogenen elektrischen Feldes in der Plattenebene. Zwei transparente Elektroden und eine fotoelektrische Schicht erzeugen ein zweites elektrisches Feld in der Ebene der auftreffenden Lichtstrahlen. Wird ein darzustellendes Bild zwischen Lichtquelle und Platte gebracht, dann wird mit der erwähnten ebenfalls auf dem Schirm aufgebrachten fotoelektrischen Schicht, die ja durch ihre lichtabhängige Leitfähigkeit das zweite Feld beeinflußt, der Brechungsindex des Schirmes und damit seine Lichtdurchlässigkeit örtlich verändert.

Ferraris-Motor

Ein häufig als Stellmotor benutzter kollektorloser Zweiphasen-Wechselstrommotor, dessen Läufer aus einer dünnwandigen Aluminium-Trommel mit sehr geringer Masse besteht. Ein Kondensator sorgt für eine Phasenverschiebung von 90° zwischen einer als Erreger- und einer als Steuerspannung dienenden Wechselspannung. Infolge dieser Phasenverschiebung und der räumlich versetzten Anordnung der Steuer- und Erregerwicklung im Stator entsteht ein magnetisches Drehfeld, das auf den Läufer ein von der Höhe der Steuerspannung abhängiges Drehmoment ausübt. Die geringe Masse des Läufers erlaubt ein rasches Umsteuern der Drehrichtung. Da das Drehmoment bei der Drehzahl Null am größten ist, ist ein sicheres Anfahren der vom Motor anzutreibenden Stellglieder gewährleistet.

Ferrimagnetisch

Ferrimagnetische Stoffe, wie z. B. Magnetit (Fe_3O_4), Granate der Seltenen Erden, Barium-Ferrit, haben einen Gitteraufbau (vom Spinelltyp), bei dem benachbarte magnetische Spinmomente entgegengesetzt orientiert sind, wodurch sich die magnetischen Momente teilweise aufheben. Andererseits sind in bestimmten Gitter-Teilen die magn. Momente nicht mehr kompensiert, so daß sie sich nach außen hin wie Ferromagnetika (z. B. Eisen, Kobalt, Nickel) verhalten. Beispielsweise besitzt Magnetit, das ferromagnetisch ist, nur einen Bruchteil der Sättigungsmagnetisierung, die es aufgrund seiner vorhandenen Eisen-Ionen eigentlich haben müßte. Ferrite haben als keramische Werkstoffe wegen ihres sehr hohen elektrischen Widerstandes für magnetische Hochfrequenz-Bauteile eine hohe Bedeutung erlangt.

Fetron

Man versteht darunter ein Halbleiter-Bauelement, das als direkter Ersatz für herkömmliche Röhren (z. B. anstelle der Typen 6 AK 5 ≙ EF 95 und 12 AT 7 ≙ ECC 81) verwendet werden kann bzw. speziell dafür entwickelt wurde. Es besteht aus einem oder zwei in Kaskade geschalteten Sperrschicht-Feldeffekttransistoren sowie gegebenenfalls einer RC-Kombination und ist in hybrider integrierter Technik in einem Metallgehäuse ausgeführt. Die Anschlüsse sind so angeordnet, daß sie mit denen der in Frage kommenden Röhren übereinstimmen. Neben einer höheren Lebensdauer besitzen diese mit Fetron bezeichneten Bauelemente auch wesentlich bessere elektrische Eigenschaften als normale Röhren.

FFT (Fast Fourier Transformation)

Die FFT ist ein für digitale Rechenautomaten optimierter Algorithmus zur Berechnung des DFT (siehe auch Stichwort „DFT"). N Abtastwerte des Zeitsignales erfordern bei konventioneller Berechnung der DFT N Rechenschritte (komplexe Additionen und Multiplikationen), bei der FFT nur N · log N. Der Algorithmus beruht auf der Bildung von Unter-Reihen diskreter Abtastwerte. Geht man von Unter-Reihen der zeitlichen Abtastwerte aus, spricht man von „decimation in time", bildet man Unter-Reihen der zu errechnenden Fourierkoeffizienten, liegt „decimation in frequency" vor. Die Einsparung von Rechenschritten bedeutet eine Verschnellerung des Rechenganges, so daß mit speziellen FFT-Rechnern Echtzeitanalyse möglich ist. Der Algorithmus nutzt außerdem durch wiederholtes Überschreiben alter Speicherinhalte sehr rationell den vorhandenen Speicherplatz.

Firmware

Man versteht darunter Standard-Programme, zum Beispiel für arithmetische Operationen, die immer wieder benötigt werden und daher im Rechner fest *(firm)* gespeichert sind, um sie nicht bei jeder Umprogrammierung erneut einlesen zu müssen.

flip chip

Flip chips sind Planartransistoren oder -dioden, die als aktive Elemente in Dünnfilm- und Dickschichtschaltungen eingesetzt werden. Die verschiedenen Hersteller haben dabei etwas unterschiedliche Verfahren. Es werden direkt auf den Halbleiterscheibchen erhabene Anschlußpunkte aufgebracht, die lötbar oder mittels Ultraschall schweißbar sind und so direkt ohne dazwischenliegende Einzeldrähte mit der Schaltung verbunden werden können. Die Halbleiter werden verkehrt auf die Schaltung aufgelegt und ausgerichtet, worauf alle Verbindungen gleichzeitig hergestellt werden.

Floppy Disk

Eine Magnetplatte, die mit dem entsprechenden Laufwerk als Direktzugriffsspeicher in der Datenverarbeitung eingesetzt wird. Mit Speicherkapazitäten von einigen hundert KByte und einer mittleren Zugriffszeit in der Größenordnung von 100 ms bietet sie genügend Platz und ist schnell genug, um als Datenträger z. B. für Mikroprogramme Verwendung zu finden. Auch zur Datenerfassung wird sie wegen ihrer Vorteile gegenüber Lochstreifen, Lochkarten und Magnetbändern zunehmend benutzt (Floppy Disk = Diskette = Folienplattenspeicher; siehe auch Lexikonkarte Nr. 158, ELEKTRONIK 1973, H. 4).

Flying-Spot-Verfahren

Statt eine der heute üblichen Fernsehkameras zu verwenden, in der die vom Objekt kommenden Lichteindrücke in Ladungsbilder umgeformt und zeilenweise abgetastet werden, wobei das Objekt von einer ruhenden Lichtquelle beleuchtet wird, kann man auch das Objekt selbst mit einem feingebündelten, zeilenweise abgelenkten Lichtstrahl abtasten bzw. „ableuchten". Der Punkt, wo dieser Strahl auf das Objekt auftrifft, leuchtet je nach Farbe und Helligkeit des Objekts an jener Stelle entsprechend auf. Das von dort reflektierte Licht wird von einer Fotozelle aufgefangen und liefert die Intensitätsmodulation für das so entstehende Videosignal. Da der Lichtpunkt über das Objekt hinwegzufliegen scheint, spricht man von einem *„flying spot"*.

Fold back

Bei Netzgeräten mit stabilisierter bzw. konstanter Ausgangsspannung bewirkt die eingebaute Strombegrenzung, daß auch im ausgangsseitigen Kurzschlußfall der Ausgangsstrom konstant bleibt bzw. einen maximalen Wert nicht überschreitet. Neuerdings verwendet man aber immer mehr Netzgeräte bzw. integrierte Spannungsregler mit sogenannter *fold-back*-Charakteristik, d. h. mit rückläufiger Ausgangsspannungs/Ausgangsstrom-Kennlinie. Das bedeutet, daß der Ausgangsstrom beispielsweise bei Kurzschluß zunächst einen bestimmten Höchstwert (*trip point* bzw. *trip current*) erreicht, danach aber auf einen erheblich geringeren Minimalwert (Kurzschlußstrom) automatisch zurückgeht. Das ermöglicht einen sehr guten Schutz für die zu speisenden Schaltungen. Die dabei entstehende Kennlinie verläuft weitgehend linear.

FORTRAN

FORTRAN ist die Abkürzung für *Formula Translation*. Diese Programmiersprache ist technisch-wissenschaftlich problemorientiert. Die Programme werden in mathematischer Schreibweise niedergeschrieben und sind nicht an einen bestimmten Typ einer EDV-Anlage gebunden. Vielmehr wird das in FORTRAN geschriebene Programm maschinell in die Maschinensprache übersetzt. Von FORTRAN gibt es eine Reihe von immer wieder verbesserten Versionen. Die z. Z. letzte ist FORTRAN IV.

FROM

FROM ist die Abkürzung für „Factory Programmable Read Only-Memory". Es handelt sich hier im wesentlichen um einen PROM (Programmable Read Only-Memory), der allerdings nicht vom Anwender, sondern bereits im Herstellerwerk programmiert wird. Im Gegensatz zum maskenprogrammierbaren ROM, bei dem die Programmierung durch die letzte Maske erfolgt, wird der FROM durch das Durchbrennen von Schmelz-Widerstandsverbindungen programmiert, und zwar noch vor dem Verkapseln. Ein automatisches Programmiersystem gestattet eine wirtschaftliche Programmierung ab einer Menge von 10 Stück bei einer Durchlaufzeit von etwa zwei Wochen. Diese Methode soll gegenüber herkömmlichen PROMs außerdem zu kleineren Chips, höheren Ausbeuten und geringeren Kosten führen.

FSK

In der Nachrichtentechnik bezeichnet man mit *frequency shift keying*, abgekürzt FSK, eine binäre Übertragungstechnik für Telegrafie-, Fernschreib- oder Computer-Signale, die sich zweier Tonfrequenzen bedient, die nicht weit auseinanderzuliegen pflegen, z. B. 1000 Hz und 1200 Hz. Dem Morse-Alphabet zugeordnet, bedeutet eine dieser Frequenzen „Punkt", die andere „Strich", während man in der Fernschreibtechnik international von *„mark"* und *„space"* spricht. Bei der Datenübertragung werden die Logik-Signale „O" und „L" durch die besagten zwei Frequenzen ausgedrückt (codiert). Auf der Empfangsseite wird durch Filter oder durch einen Diskriminator festgestellt, welche der beiden Frequenzen ankommt, und eine Rückübersetzung in entsprechende Gleichspannungspegel vorgenommen.

G

Glastrusion

Mit Glastrusion bezeichnet man ein in den USA entwickeltes und patentiertes Verfahren zum Ziehen und Wickeln von Profilen und Rohren aus faserverstärkten Kunststoffen (z. B. Polyester, Epoxy). Hierbei werden die stranggezogenen Formen, die in der Elektrotechnik beispielsweise für Antennen, Kabelkanäle, Isolierbauteile in Elektromotoren, Schaltern und Hochspannungsgeräten verwendet werden, durch Hochfrequenzerwärmung ausgehärtet. Gegenüber bisherigen Methoden erlaubt das Glastrusions-Verfahren höhere Ziehgeschwindigkeiten, bessere und lunkerfreie Faser-Harz-Bindungen, geringere Wandstärken usw. Auch die elektrischen Kenndaten haben günstige Werte.

Glitches – Deglitcher

Mit dem amerikanischen Wort *Glitches* sind Spannungsspitzen gemeint, die speziell bei schnellen Digital-Analog-Umsetzern durch die Unsymmetrie des Umschaltvorganges (die Ausschaltzeit ist kürzer als die Einschaltzeit) der einzelnen Transistoren und, was aber im Vergleich dazu meist vernachlässigbar ist, durch kapazitive Einflüsse hervorgerufen werden. Diese Unsymmetrie wirkt sich besonders bei der Änderung der digitalen Eingangsinformation von „L“ auf „O“ aus. So kann es beispielsweise beim Übergang der Eingangsinformation OLLL auf LOOO vorkommen, daß aufgrund der längeren Ausschaltzeit für einen kurzen Moment alle Schalter im D/A-Umsetzer geöffnet sind (≙ der Information LLLL), was eine positive bzw. negative Spannungsspitze am Ausgang zur Folge hat. Die zur Unterdrückung dieser Spannungsspitzen geeignete Schaltung (z. B. eine Abtast- und Halte-Schaltung) wird *Deglitcher* genannt.

Goss-Textur

Die sog. Goss-Textur, nach einem amerikanischen Metallurgen benannt, hat für die Herstellung von weichmagnetischen, metallischen Werkstoffen eine erhebliche Bedeutung. Sie beruht auf der Verwendung kornorientierter, kaltgewalzter und geglühter Bandteile aus

Eisen-Silizium- und Eisen-Aluminium-Legierungen. Bei dieser Textur stimmt die Walzrichtung mit der magnetisch „leichten" Würfelkante (= Vorzugsrichtung) überein. Eine Anpassung der Flußrichtung an die Walzrichtung hat zur Folge, daß die Ummagnetisierungsverluste relativ klein sind (sie betragen gegenüber den früher warmgewalzten Bandteilen nur die Hälfte). Für eine gute Ausrichtung der Kristallite bei der Goss-Textur, die auch mit [100] (011)-Textur bezeichnet wird, sind insbesondere Kristallisationsvorgänge bei der Schlußglühung bei Temperaturen um 900 °C entscheidend (vgl. Arbeitsblatt Nr. 76, H. 9/73, S. 337).

GSI

Abkürzung für *grand scale integration* = Integration sehr hohen Grades bei monolithischen Halbleiterschaltungen. GSI-Schaltungen gehen über den bisherigen LSI-Bereich (vgl. Stichwort „LSI") hinaus. Sie sind also noch umfangreicher und enthalten etwa 1000...6000 Transistoren auf einem Chip.

Gyrator

Der Gyrator ist eine nicht umkehrbare Schaltung mit Ein- und Ausgang, deren Eingangs-Scheinwiderstand ihrem Last-Scheinleitwert proportional ist. Daher erzeugt ein Gyrator die elektrischen Eigenschaften einer Induktivität, wenn er mit einem Kondensator belastet wird. Außerdem verbraucht oder erzeugt ein Gyrator keine Signalenergie. Er verhält sich also wie ein verlustloses passives Netzwerk, obwohl er meist aktive Elemente enthält. Da außerdem Kondensatoren eine höhere Güte und eine geringere Verlustleistung als Induktivitäten haben, bildet ein Gyrator mit kapazitiver Last gewöhnlich eine bessere Induktivität als sie handelsübliche Spulen darstellen.

H

Halteglied-Steuerung

Bei einer Halteglied-Steuerung behält die Ausgangsgröße ihren erreichten Wert bei, wenn das Auslösesignal, das den Steuerungsvorgang ausgelöst hat, beendet ist oder wenn die Führungsgröße (= der Steuerung von außen zugeführte Größe, der die Ausgangsgröße der Steuerung in vorgegebener Abhängigkeit folgen soll) weggenommen oder zurückgenommen wird. Nur ein entgegengesetztes oder andersartiges Auslösesignal oder eine entgegengesetzte oder andersartige Führungsgröße vermögen die Ausgangsgröße wieder auf einen Anfangswert zu bringen.

Hamming-Code

Mit dem Hamming-Code ist es möglich, durch Hinzufügen von Prüfstellen zu den eigentlichen Informationsstellen Übertragungsfehler zu lokalisieren und zu berichtigen. Seine Funktion beruht auf dem Prinzip der Gleichheitsprüfung. Ein einfach korrigierender Hamming-Code hat z. B. vier Informationsstellen und drei Prüfstellen, die in bestimmter Weise miteinander kombiniert sind. Die daraus resultierende Prüfzahl gibt im Dualcode den Fehlerort an, d. h. die Nummer der Stelle, die einen Fehler aufweist. Es lassen sich Hamming-Codes auch für mehr als einen Fehler pro Codewort bilden. Die Zahl der Prüfstellen und der Rechenaufwand steigen mit zunehmender Stellenzahl rasch an. Es ist jedoch möglich, die Fehlerkorrektur automatisch durch Computer ausführen zu lassen.

Hamming-Distanz

Vergleicht man in der Datenverarbeitung zwei Wörter gleicher Stellenzahl miteinander, so ist die Zahl der unterschiedlichen Stellen gleich der Hamming-Distanz D. Für die Wörter

LLOLOOLL und
LOLLOOLO

ist also $D = 3$. Je größer in einem Code die Hamming-Distanz von Schritt zu Schritt ist, desto leichter sind Übertragungsfehler zu erkennen, d. h. um so größer ist die Redundanz.

HDDR-Verfahren

High Density Digital Magnetic Recording. Verfahren zum Schreiben und Lesen binärer Impulsfolgen mit hoher Dichte auf Magnetband. Im Gegensatz zu den üblichen longitudinalen Impulsdichten von 800...1600 bit/Zoll sind mit dem HDDR-Verfahren longitudinale Schreibdichten von 10 000...100 000 bit/Zoll möglich. Das wird vor allem mit speziellen Köpfen und durch Aufzeichnen der Impulsmodulation mit Hf-Vormagnetisierung erreicht.

Heat Pipes

Wärmeleitrohre (engl. *heat pipes*) dienen u. a. zum Kühlen von elektronischen Bauelementen. Es handelt sich dabei um Hohlkörper aus Kupfer oder rostfreiem Stahl oder auch aus feuerfestem Glas. Die Innenwand ist mit einer porösen Kapillarschicht überzogen. Im luftdicht abgeschlossenen Innenraum befindet sich eine kleine Menge Flüssigkeit. Erwärmt man das Rohr auf einer Seite, beginnt dort die Flüssigkeit sofort zu sieden und die Dampfmoleküle wandern zum anderen kühlen Ende. Hier geben sie ihre Wärme ab (sie kondensieren) und das Kondensat wandert wieder zum anderen heißen Ende. Diese Wärmeleitung erfolgt mit einem sehr geringen thermischen Widerstandswert. Man erreicht Werte bis zur 400fachen Wärmeleitfähigkeit von Massivkupfer (s. a. ELEKTRONIK 1975, H. 11, S. 101).

HIFIT

Die in Datenbüchern einiger Bauelemente-Hersteller verwendete Abkürzung „HIFIT" setzt sich zusammen aus „High Frequency Input Transistors". Es handelt sich dabei um Transistoren für Hf-Eingangsstufen im UKW-Bereich, die sich gewöhnlich durch eine kleine Rauschzahl und gute Großsignaleigenschaften auszeichnen.

HNC

Abart der numerischen Werkzeugmaschinensteuerung (NC), bei der auch von Hand durch Betätigung von Tasten einzelne Maschinen-Funktionsabläufe ausgelöst werden können, daher Hand-NC, abgekürzt HNC (gilt auch im angloamerikanischen Sprachraum für *Hand NC*). Die durch Tasten aufzurufenden Programme sind in Festwertspeichern (ROMs) eingespeichert. Man kann eine HNC-Maschine also zeitweise teilautomatisiert betreiben.

Hold off

Bei Oszillografen wird mit Beginn des Sägezahnrücklaufs der Triggerkreis für eine bestimmte Zeit gesperrt (fester *„Hold off"*), um klare Anfangsbedingungen zu erhalten, d. h., um z. B. Doppeltriggerungen und Jitter zu vermeiden. Dies trifft besonders auf Pulsdarstellungen zu. Allerdings ist bei dieser gängigen Methode nicht gewährleistet, daß die Triggerung immer mit dem gleichen Impuls erfolgt, so daß z. B. auch Pulse zur Triggerung benützt werden, die zwischendurch erscheinen. Dies verhindert man mit einem sog. variablen „Hold off"; hier wird die Sperrzeit des Triggerkreises so lange verändert, bis der gewünschte Triggerzeitpunkt optimal eingestellt ist, der dann für die zu beobachtende Pulsfolge stets erhalten bleibt.

Host-Computer

Man bezeichnet damit einen Hilfs-Computer, den man zur Programmentwicklung einem Mkrocomputer zeitweise hinzuschalten muß, da die Programmierung mit Hilfe des Mikrocomputers selbst aus technischen Gründen kaum noch möglich ist, (siehe ELEKTRONIK, H. 10/74, S. 392).

Hotspots

Hotspots (örtliche Überhitzung, z. B. bis zu 300 °C und mehr, infolge Stromkonzentrationen an bestimmten Stellen auf dem Kristall) treten hauptsächlich bei Hf-Transistoren auf. Sie können entstehen bei Linearbetrieb (Klasse A oder AB), bei hoher Speisespannung oder bei Lasten mit zu hohem Stehwellenverhältnis (z. B. schlecht abgeschlossene Leitungen). Sie machen sich bemerkbar durch allmählich verringerte Leistungsfähigkeit der Transistoren sowie durch sofortige Ausfälle, was in der Regel auf thermisches Weglaufen zurückzuführen ist. Von der Herstellerseite aus kann man die Hotspot-Effekte z. B. dadurch verringern, daß man Serienwiderstände in die Einzelemitter-Zuleitungen einfügt.

Hybride Multiplikation

Bei einer hybriden Multiplikation wird eine digital (binär codiert) vorliegende Größe mit einer analogen Größe multipliziert. Man kann dies beispielsweise mit einem Digital-Analog-Umsetzer realisieren, wobei das eigentliche digitale Eingangssignal den Multiplikanden und die in diesem Fall veränderbare, analoge Referenzspannung den Multiplikator darstellt. Am Ausgang steht dann das Produkt in analoger Form zur Verfügung. Anwendungen hierfür sind z. B. adaptive Regelungen mit Prozeßrechnern, programmierbare Strom- und Spannungsquellen, Verstärker mit digitaler Verstärkungseinstellung, Displays usw.

Hyperbel-Navigation

Die Hyperbel-Navigation ist ein Funk-Navigationsverfahren, bei dem der Benutzer (Flugzeug, Schiff o. ä.) auf elektronischem Weg die Differenz zwischen den Entfernungen mißt, die zwischen ihm und zwei in einigem Abstand voneinander angeordneten Funksendern bestehen. Denkt man sich alle die Punkte miteinander verbunden, von denen aus die Differenz zwischen den Entfernungen zu den beiden Sendern gleich groß ist, so erhält man eine Hyperbel. Zwischen den beiden Sendern kann man sich ein Hyperbelfeld aus einer beliebigen Zahl von Hyperbeln denken, deren gemeinsame Brennpunkte die beiden Sender bilden. Jede dieser Hyperbeln eignet sich für den Benutzer als Standlinie. Zur Bestimmung des Benutzer-*Standortes* sind jedoch wenigstens zwei Hyperbelfelder in geeigneter Zuordnung zueinander erforderlich. Der gesuchte Standort ergibt sich dann als Schnittpunkt zweier Hyperbeln.

I

Ignistor

Damit bezeichnet man eine Antiparallelschaltung von zwei Thyristoren, die als Ersatz gedacht ist für das *Ignitron,* ein Quecksilberdampf-Entladungsgefäß mit Zündelektrode.

Der Triac stellt im Grunde genommen ebenfalls eine Antiparallelschaltung von zwei Thyristoren dar, sein Haupteinsatzgebiet liegt aber bei kleinen bis mittleren Leistungen, während der Ignistor ausgesprochen für hohe Leistungen in der Energie-Elektronik entwickelt wurde.

IIL oder I^2L

Die Abkürzung IIL, auch I^2L geschrieben, steht in der Technik der integrierten Halbleiterschaltungen für *Integrated Injection Logic* und bezieht sich auf bipolar ausgeführte Bausteine der Digitaltechnik, bei denen die Stromzuführung zu den einzelnen Transistoren im Gegensatz zur herkömmlichen TTL-Technik nicht über Widerstände, sondern über strombegrenzende pn-Übergänge erfolgt, also über Diodenstrekken. Jeder Transistor bildet eine konstruktive Einheit mit seiner Stromzuführungs-Diode. Die Eliminierung der Widerstände bewirkt eine wesentliche Platz- und Energie-Ersparnis. Mitte 1971 wurden versuchsweise 1100 Gatter pro Chip untergebracht, Energiebedarf für einen Schaltvorgang 1 Pikojoule (bisher bei TTL 20 Pikojoule).

ILS

Instrument Landing System = Instrumenten-Landesystem, ein im VHF-Bereich arbeitendes Funknavigationssystem, das Flugzeugen das Landen bei schlechter Sicht erleichtert bzw. ermöglicht. Die Bodenanlage besteht aus einem *Landekurssender,* der eine Kursleitebene (Horizontalnavigation) erzeugt, einem *Gleitwegsender* zum Erzeugen einer Gleitwegebene (Vertikalnavigation), zwei *Markierungsfunkfeuern* für die Entfernungsbestimmung zum Aufsetzpunkt sowie den im Kontrollturm des Flughafens aufgestellten *Turmgeräten.* Die vom Landekurs- und Gleitwegsender ausgesandten gebündelten Hf-Felder sind mit je zwei Frequenzen von 90 und 150 Hz moduliert. Kurs- und Gleitweginformation werden durch Messen der jeweiligen Modulationsgrad-Differenz gewonnen. Sind beide Modulationsgrad-Differenzen gleich Null, so hält das Flugzeug genau die für eine sichere Landung notwendigen Kurs- und Gleitwegwinkel ein.

Interactions

Das Zeitverhalten eines PID-Reglers mit Rückführung wird durch die in der Rückführung enthaltenen Zeitglieder bestimmt (differenzierendes Glied für I-Anteil, integrierendes Glied für D-Anteil). Die Zeitkonstanten dieser Zeitglieder bestimmen die Nachstellzeit T_n (I-Anteil) und die Vorhaltzeit T_v (D-Anteil) des Reglers. Da sich die Zeitglieder jedoch gegenseitig beeinflussen, können die wirksamen Werte von Nachstell- und Vorhaltzeit von den an den Zeitgliedern eingestellten Werten abweichen. Diese Beeinflussungen bezeichnet man als *Interactions* oder *Abhängigkeitsfaktoren.* Ist T_i die Zeitkonstante des integrierenden und T_d die Zeitkonstante des differenzierenden Zeitgliedes, so erhält man bei Reihenschaltung der Zeitglieder wegen ihrer gegenseitigen Beeinflussung für die Nachstellzeit $T_n = T_i + T_d$ und für die Vorhaltzeit $T_v = \frac{T_i \cdot T_d}{T_i + T_d}$

Interdigitale Wandler

Zur Erzeugung von akustischen Oberflächenwellen (siehe ELEKTRONIK 1974, H. 11, S. 433, und FUNKSCHAU 1974, H. 15, S. 1758) verwendet man üblicherweise piezoelektrische Materialien. Die Anregung, das heißt die Umwandlung von elektromagnetischer Energie in akustische, erfolgt mit sog. interdigitalen Wandlern. Das sind finger- bzw. kammartige Strukturen aus Gold oder Aluminium, die nach fotolithografischen Verfahren in Schichtstärken von 100...300 nm auf die Oberfläche des piezoelektrischen Substrats aufgebracht werden. Da die Energie-Umwandlung in beiden Richtungen möglich ist, lassen sich solche Wandler sowohl als Sender als auch als Empfänger verwenden.

Interface

Die Summe aller Bedingungen des Zusammen- und Aufeinanderwirkens zweier oder mehrerer Aggregate. Im deutschen Sprachgebrauch kann dafür je nach Anwendungsfall Anpassungsglied, Nahtstelle, Grenzfläche oder Trennfläche gesetzt werden.
Es existiert das Zeitwort *„to interface"*, das etwa mit Schaffen aller notwendigen Bedingungen für das Zusammen- und Aufeinanderwirken zweier oder mehrerer Aggregate definiert werden kann. Im Deutschen kann dafür anpassen oder aufeinander abstimmen gesetzt werden.

Interpreter

Wie mit einem Compiler kann man auch mit einem Interpreter Quellenprogramme in für den Rechner direkt verarbeitbare Objektprogramme übersetzen. Da jedoch bei einem Interpreter-System die Übersetzung **und** die Ausführung des Quellenprogramms gleichzeitig erfolgen, wird gegenüber Compilern wesentlich mehr Speicherplatz im Hauptspeicher beansprucht. Außerdem ist dieses Verfahren, das ausschließlich im on-line-Betrieb angewendet werden kann, erheblich zeitaufwendiger. Demgegenüber hat es jedoch den wichtigen Vorteil, daß man Programmänderungen noch während der Interpretation vornehmen kann, ohne daß jedes Mal – wie bei der Compilierung – ein gesonderter Übersetzungsdurchlauf erforderlich ist, der dann allerdings mit hoher Geschwindigkeit ablaufen kann.

Interrupt

Man versteht darunter die Unterbrechung eines gerade in Bearbeitung befindlichen Programms durch bestimmte Ursachen. Die in Verbindung mit diesen Ursachen erforderlichen Maßnahmen werden anschließend durch das Betriebssystem duchgeführt, das danach das Programm zur weiteren Fortsetzung veranlaßt. Dazu wurde per Hardware mindestens der Befehlszählerstand sichergestellt. Unterbrechungsursachen können sein: Koordinierung von Ein-/Ausgabeoperationen; fehlerhafte Daten, Befehle oder arithmetische Operationen; Anforderungen an das Betriebssystem durch sog. (Makro-)Aufrufe. Die jeweiligen Unterbrechungsursachen können in einem Hardwareregister zur späteren Identifikation durch das Betriebssystem gespeichert werden.

Ion implantation

„Ionen-Einpflanzung" ist neben dem Diffusionsverfahren eine weitere Methode zur Dotierung von Silizium-Wafern bei der Herstellung von MOS-Transistoren bzw. -Schaltungen. Hierbei werden die Silizium-Wafer mit hoch beschleunigten Phosphor- oder Bor-Ionen (Energie: 40...300 keV) bombardiert. Die Eindringtiefe (abhängig von der Energie) und das Maß der Dotierung (Anzahl der Ionen) können innerhalb bestimmter Toleranzen beliebig eingestellt werden. Die auszulassenden Stellen werden mit einer die Ionen absorbierenden Aluminium- oder Oxyd-Maske abgedeckt. Vorteile gegenüber dem Diffusionsverfahren: weniger Fertigungsschritte und kürzere Fertigungszeiten, beliebige Variation der Schwellenspannung (untere Grenze etwa 1 V), bessere Hf-Eigenschaften. Außerdem lassen sich damit p-Kanal-MOS-Transistoren sowohl vom Anreicherungs- als auch vom Verarmungstyp auf *einem* Chip vereinigen.

ITAE-Kriterium

Trägt man bei einer Regelung die Regelabweichung x_w in Abhängigkeit von der Zeit in einem Diagramm auf und subtrahiert die von der Kurve umschlossenen Flächenanteile, die unter der Nullinie liegen, von denen über der Nullinie, so erhält man die *lineare Regelfläche.* Zeichnet man den Betrag der Regelabweichung auf, so erhält man durch Addition der von der Kurve umschlossenen Flächenanteile die *Betragsregelfläche,* und wenn man das Quadrat der Regelabweichung aufträgt, gewinnt man die *quadratische Regelfläche.* Diese Optimierungskriterien berücksichtigen aber nicht den zeitlichen Verlauf der Regelabweichung x_w. Dies ist jedoch bei dem *ITAE-Kriterium* (ITAE = *integral of time multiplied absolute error)* der Fall, dessen Gleichung lautet:

$$\int_0^\infty | x_w | \, t \, dt = \text{Minimum}$$

J

Jacket

Es handelt sich hier um einen Begriff aus der Mikrofilm-Technik. Das Normal-*Jacket* ist eine 103 mm x 152 mm (etwa DIN A 6) große „Filmtasche" aus Mylar, mit der man etwa 65...70 beschriebene DIN-A4-Bögen, die auf 16-mm-Film aufgenommen wurden, aufbewahren bzw. archivieren kann. Der Film für das Jacket wird als Rollfilm mit einer

Durchlauf- oder Schrittkamera erstellt. Danach wird der Film geschnitten und das Jacket maschinell gefüllt. Es läßt sich relativ billig als Ganzes duplizieren, vergrößern und jederzeit ergänzen bzw. auf den neuesten Stand bringen. Jackets stellen somit eine praktische und rationelle Mikroarchivierungs-Möglichkeit lebender und ständig zu ergänzender Vorgänge, wie Akten, Krankengeschichten, Personal- und Mitgliederunterlagen usw. dar. Man kann sie wie Karteikarten benützen.

Jitter

Unter einem Jitter (angloamerikanische Bezeichnung) versteht man ein Signal, das plötzlichen Änderungen unterworfen ist und wahllos hin- und herspringt. Es gibt vier Arten: a) beim *zeitbezogenen* Jitter ergeben sich abrupte, unregelmäßige Änderungen der Dauer eines bestimmten Zeitintervalls, b) der *amplitudenbezogene* Jitter ruft abrupte und unregelmäßige Änderungen der Amplitude einer Impulsfolge hervor, c) der *frequenzbezogene* Jitter macht sich durch Änderungen der Frequenz einer Signalfolge bemerkbar, d) beim *phasenbezogenen* Jitter ändert sich wahllos die Phasenlage der Modulation eines frequenzmodulierten Signals in bezug auf die Phase eines Referenzoszillators.

Josephson-Effekt

Der britische Physiker *B. D. Josephson* stellte im Jahre 1962 fest, daß zwischen zwei Supraleitern auch dann ein, zwar winzig kleiner, Suprastrom fließt, wenn die beiden Leiter durch eine sehr dünne und kleine Isolierschicht voneinander getrennt sind. Diese Eigenschaft, die auf einer nur quantenmechanisch erfaßbaren Wechselwirkung beruht, ist die Basis für viele wichtige Anwendungen schwacher Supraströme, wie z. B. in der Meßtechnik, Speicher- und Schalttechnik sowie in der Millimeter- und Submillimeter-Wellentechnik (siehe auch ELEKTRONIK 1976, H. 2, S. 60).

K

Kaltschalttechnik

Der Ausdruck wurde von der Firma Philips geprägt. Er besagt, daß die Bedienungselemente auf der Frontplatte eines Gerätes lediglich schwache Gleichstromsignale schalten, die ihrerseits Halbleiter- und Reedrelais betätigen. Die Relais schalten dann die Gerätefunktionen und können an der jeweils günstigsten Stelle auf der Platine angebracht werden. Auf diese Weise können die Bedienungselemente beliebig angeordnet werden, ohne daß sie sich gegenseitig beeinflussen (siehe hierzu auch ELEKTRONIK 1976, H. 4, S. 134).

Kerr-Zelle

Kerr-Zellen, auch Polarisationsschalter genannt, erlauben die elektrisch gesteuerte Änderung der Polarisationsebene von Lichtstrahlen. Sie bestehen aus zwei Elektroden und einer dazwischen befindlichen opto-elektrisch-aktiven Flüssigkeit. Wird keine Spannung an die Elektroden angelegt, dann bleibt die Flüssigkeit optisch isotrop, das heißt sie hat keine Wirkung auf die Polarisation der durch sie hindurchtretenden Lichtstrahlen. Bei Anlegen einer Spannung wird die Flüssigkeit dann optisch anisotrop und die Polarisationsebene des Lichtstrahles dreht sich um einen bestimmten, von der angelegten Spannung abhängigen Winkel. Kerr-Zellen finden bei der Modulation von Licht- und Laserstrahlen Anwendung.

Kompatibilität

Kompatibilität – bezogen auf die EDV-Technik – bedeutet die Möglichkeit, innerhalb verschiedener Systeme Geräte, Datenträger, Daten oder Programme ohne besondere Anpassungsmaßnahmen auszutauschen. In diesem Zusammenhang spricht man dann von Geräte-, Daten- und Programmkompatibilität. Im Rahmen einer hierarchisch aufgebauten Datenverarbeitungsfamilie kann Kompatibilität in zwei Richtungen möglich sein: *Aufwärtskompatibilität:* Programme, die für ein weniger leistungsfähiges Mitglied der Familie erstellt worden sind, sollen auf einer leistungsfähigen Anlage ablaufen. Dies ist meist problemlos, jedoch uneffektiv. *Abwärtskompatibilität* (umgekehrter Fall): die nicht durch Hardware realisierten Systemeigenschaften sind durch zusätzliche Software-Eigenschaften (= Simulationsprogramme) zur Verfügung zu stellen.

Konzentratoren

Konzentratoren sind Geräte, welche die auf einer größeren Anzahl von Nebenleitungen ankommenden Informationen so umformen, daß man sie auf wenigen Hauptleitungen weitergeben kann. In der Vermittlungstechnik befinden sie sich im Vorfeld der Vermittlungsstellen (z. B. am Straßenrand in den Kabelverzweiggehäusen). Sie erlauben bei einem vorhandenen Kabelnetz den Anschluß von wesentlich mehr Teilnehmern an die Vermittlungsstelle als Hauptanschlußleitungen vorhanden sind. Außerdem übernehmen sie im zukünftigen „Elektronischen Wählsystem“ (EWS) die bisherigen Aufgaben der Wählsterneinrichtungen. – Bei der Datenübertragung und Datenfernverarbeitung faßt man die vielen von den Datenendstationen kommenden Datenübertragungsleitungen mit niedriger Übertragungsgeschwindigkeit im Konzentrator zusammen und läßt von diesem aus den Verkehr mit der Zentraleinheit über eine Leitung mit hoher Geschwindigkeit laufen.

Korrelierglied

Neben Summiergliedern (ODER-Verknüpfung) und Multipliziergliedern (UND-Verknüpfung) lassen sich in der stochastischen Signalverarbeitung mit Majoritätsgattern (Lexikon-Karte Nr. 181) auch sog. *Korrelierglieder* realisieren. Sie eignen sich zur Produktsummenbildung von Impulshäufigkeiten, d. h. mit ihnen erzielt man einen gleitenden Übergang von der Multiplikation zur Summation, wobei die UND-Funktion in stetigem Übergang in die ODER-Funktion übergeführt wird (siehe auch ELEKTRONIK 1976, H. 2, S. 77).

Kryotechnik

Als Kryotechnik (Kältetechnik) bezeichnet man die Technik im Bereich sehr tiefer Temperaturen zwischen etwa –150 °C (≈ 123 K) und dem absoluten Nullpunkt (0 K). Sie hat besonders bei Funkverstärkeranlagen Anwendung gefunden, da bei tiefen Temperaturen der Rauschpegel stark vermindert wird. Ein Spezialfall der Kryotechnik ist die Supraleitung.

Kurzwegtechnik

Bei elektronischen Tisch- und Taschenrechnern versteht man darunter einen Berechnungsgang, bei dem Zwischenergebnisse automatisch gespeichert werden und somit ohne Neueintasten unmittelbar zum Weiterrechnen verwendet werden können. Die Operation wird dadurch verkürzt (vgl. ELEKTRONIK 1975, H. 5, S. 54...60).

L

Ladder network

Mit dem Aufkommen von Analog-Digital- bzw. Digital-Analog-Umsetzern in monolithischer und Hybridtechnik gewann das Kettenleiter-Widerstandsnetzwerk *(ladder network)* erheblich an Bedeutung. Da für den Aufbau solcher Widerstandskettenleiter nur zwei Widerstandswerte (R und $2\,R$) erforderlich sind, lassen sie sich sowohl in monolithischer als auch in Dünnfilm- bzw. Dickschichttechnik relativ einfach herstellen. Es kommt hierbei nicht auf die absolute Widerstandsgenauigkeit an, sondern entscheidend sind die Abweichungen voneinander. Ein weiterer Vorteil des Widerstandskettenleiters ist der konstante Innenwiderstand (*R*). Man kann ferner sowohl mit eingeprägten Spannungen als auch mit eingeprägten Strömen (höhere Geschwindigkeit) arbeiten (vgl. ELEKTRONIK 1972, H. 2, S. 39).

latch-up-Effekt

Dieser – man könnte sagen „Einklink-Effekt" – tritt bei stark gegengekoppelten Operationsverstärkern auf, wenn der invertierende Eingang übersteuert wird. Die Basis-Kollektor-Diode des Eingangstransistors wird dann leitend, so daß das Signal *ohne* Invertierung, also gleichphasig, direkt auf den Ausgang übertragen wird. Dadurch entsteht aus der Gegen- eine Mitkopplung, und der Verstärker springt in die Sättigung, die wegen der mitkoppelnden Wirkung auch *nach* Abklingen des Eingangssignals erhalten bleibt, so daß auch vorübergehende Störspitzen zum „latch-up" führen können. Die meisten Operationsverstärker sind dagegen bereits durch interne Begrenzungsschaltungen geschützt. Andernfalls, z. B. bei den Typen 702 und 709, muß man hochohmig ansteuern (Eingangsstrom begrenzen) oder spannungsbegrenzende Dioden vorschalten.

LCD

Abkürzung für *„liquid crystal display"* = Flüssigkristall-Anzeigeeinheit: Zwischen zwei gegenüberliegenden Glasplatten, die z. B. mit einem sehr dünnen leitfähigen Zinnoxid-Belag beschichtet sind, befindet sich die kristalline Flüssigkeit. Sie ändert, sobald an die beiden Zinnoxid-Beläge eine elektrische Spannung angelegt wird, ihre optische Durchlässigkeit. Diese Anzeigeeinheiten sind auf dem besten Wege, sich auf vielen Gebieten (z. B. Uhren, Meßgeräte) durchzusetzen. Trotzdem wird es noch eine gewisse Zeit dauern, wenn man vom derzeitigen Entwicklungsstand ausgeht, bis die Lebensdauerprobleme (z. Z. etwas über ein Jahr) endgültig gelöst sind. Ihr wichtigster Vorteil, z. B. gegenüber LED-Anzeigeeinheiten, ist die extrem geringe Stromaufnahme, da ein solches Anzeige-Element einen Kondensator bildet.

Librophon

Das *Librophon* kann man in die Gruppe der audiovisuellen Medien einreihen. Es besteht aus einem Buch, in das geschnittene Tonfolien fest eingebunden sind, und einem Abspielgerät. Das Abspielen selbst erfolgt nun dadurch, daß man dieses Abspielgerät („Plattenspieler") auf die Tonfolie setzt und um seine eigene Achse rotieren läßt. Auf einer Folie kann man Tonaufnahmen bis zu 4,5 min Dauer speichern. Das Gerät überstreicht einen Frequenzbereich von 100...10 000 Hz; es ermöglicht Lautsprecher- und Ohrhörer-Wiedergabe und verfügt über eine Start-/Stop-Vorrichtung.

Lidar

Lidar ist die Kurzbezeichnung von *light detection and ranging* und in Deutschland unter der Bezeichnung „Licht-Radar" bekannt. Lidar-Systeme arbeiten ähnlich wie Radaranlagen, jedoch nicht mit elektromagnetischen Mikrowellen, sondern mit den in der Wellenlänge wesentlich kürzeren Licht-(Laser-)Strahlen (UV- und IR-Bereich). Der

Sender ist meistens ein Rubin-Laser im Q-switch-Betrieb mit Ausgangsenergien zwischen 1 und 2 J. Die Lichtimpulse werden an den Molekülen oder Aerosolteilchen in der Atmosphäre rückgestreut. Der Empfänger enthält einen Cassegrain-Spiegel, über den das rückgestreute Signal auf einen Fotovervielfacher gelangt. Die gemessenen Streuamplituden ergeben in Abhängigkeit von der Laufzeit des Lichtimpulses eine Information über die Verteilung der vom Lichtimpuls durchlaufenen Materie.

LIFO-Speicher

Im sog. LIFO-Betrieb (LIFO = *Last in/First out*) werden aus einem Stack-Register oder -Speicher zuerst die Daten ausgelesen, die zuletzt eingegeben wurden. Mit dieser Arbeitsweise kann man z. B. sehr schön Warteschlangen im Programmablauf bei Echtzeitanwendungen verwalten (siehe auch Stichwort „Stack-Register").

Live Keyboard

Dieser Ausdruck stammt von der Firma Hewlett-Packard und bezeichnet die Möglichkeit, bei einem Tischrechner über die Tastatur einen Interrupt vorzunehmen. Dadurch ist es möglich, während des Programmablaufs Zwischenrechnungen durchzuführen, Variable zu ändern, Unterprogramme abzuarbeiten oder das laufende Programm auszudrucken. Nach dem Interrupt läuft das Programm an der Stelle weiter, an der auf „Live Keyboard" umgeschaltet worden war.

Live-zero-Signal

Um vor allem Kabel bzw. Leitungen einzusparen, ging man bei den hauptsächlich für die Verfahrensindustrie entwickelten elektronischen Meß- und Regelgeräten dazu über, diese in Zweileitertechnik auszuführen, d. h. für das Meßsignal und die Stromzuführung stehen nur zwei Leitungen zur Verfügung. Man kann deshalb z. B. einen Meßverstärker als veränderlichen ohmschen Widerstand betrachten, dessen Stromaufnahme proportional zum Meßwert ist. Da aber der Meßverstärker zum Betrieb einen bestimmten Mindest-Anlaufstrom (etwa 3..3,5 mA) benötigt, beträgt der eigentliche Signalstrom lediglich 4...20 mA, was mit *live-zero*-Signal bezeichnet wird. Das ist aber kein Nachteil, denn erstens kann dieses Signal zur Überwachung des Meßverstärker-Stromkreises benützt werden und zweitens vereinfacht sich die Eichung und Nullpunkteinstellung gegenüber Geräten mit *„dead-zero"*-Signal (0...20 mA).

Lock-in-Verstärker

Ein „Lock-in"-Verstärker besteht aus einem phasenempfindlichen Gleichrichter mit nachgeschaltetem Tiefpaß (RC-Glied). Diese Anordnung bewertet das Meßsignal $U_m < \varphi_m$ nach Betrag und Phase in Bezug auf das Referenzsignal $U_{ref} < \varphi_{ref}$. Daraus ergibt sich die Bandpaßcharakteristik des Lock-in-Verstärkers, wobei die Mittenfrequenz der Bandpaßcharakteristik identisch mit der Frequenz des Referenzsignals ist und die Bandbreite von der Zeitkonstante des Tiefpasses abhängt. Das Ausgangssignal des Lock-in-Verstärkers hat ein Maximum, wenn Meß- und Referenzsignal in Phase sind ($\varphi m = \varphi ref$). Zur Einstellung dieser Phasenbedingung ist ein Phasenschieber erforderlich. Anwendung: Selektives Messen zur Trennung von Nutz- und Störsignal; vorwiegend bei der Rauschunterdrückung von sehr stark verrauschten Signalen.

Logik

a) positive und b) negative Logik = in der Digitaltechnik häufig verwendeter Begriff oder, besser gesagt, Jargon-Ausdruck, der jedoch im Grunde genommen nicht richtig ist, da „Logik" selbst weder positiv noch negativ sein kann. – Positive Logik herrscht dann vor, wenn der logische Zustand „L" bzw. „1" dem positiveren Potential eines Binärsignals und der logische Zustand „O" bzw. „0" dem negativeren Potential eines Binärsignals entspricht. Bei negativer Logik ist es umgekehrt. Beispiel:

positive Logik	negative Logik
+2 V ≙ L bzw. 1	+2 V ≙ O bzw. 0
—4 V ≙ O bzw. 0	—4 V ≙ L bzw. 1

look-ahead adder

Man versteht darunter eine Anordnung von schnellen Addierern, wobei die zu summierenden Wörter parallel einer Kette von Addierern zugeführt werden. Der Übertrag erfolgt hierbei vom Bit mit der geringsten Wertigkeit durch die Kette der Addierer zum Bit mit der höchsten Wertigkeit. Dies erlaubt zusätzlich eine Durchführung des Übertrags in 1- oder 2-Takt-Perioden, im Gegensatz zur herkömmlichen Methode bei Verwendung von einzelnen Addierblöcken mit mehreren Takt-Perioden.

LORAN

Man versteht darunter ein Hyperbel-Navigationssystem hoher Genauigkeit zur Weitbereichsnavigation für den Schiffs- und Überseeluftverkehr (LORAN = *Long Range Navigation*). Eine LORAN-Anlage, LORAN-Kette genannt, besteht aus einer Haupt- und einer Nebenstation, die etwa 100...700 sm (Seemeilen; 1 sm = 1,852 km) weit auseinander liegen. Die Hauptstation sendet ungerichtet Hf-Impulse aus, die außer vom Bordgerät des Benutzers auch von der Nebenstation empfangen und nach einer festen Verzögerungszeit wieder ausgestrahlt werden. Das Bordgerät ermittelt aus der Zeitdifferenz zwischen den Impulsen der Haupt- und denen der Nebenstation die Differenz der Entfernungen zwischen Benutzer sowie Haupt- und Nebenstation und damit eine Hyperbel-Standlinie. Für die Standortbestimmung sind mehrere LORAN-Ketten erforderlich.

LSB, MSB

LSB ist die Abkürzung für *least significant bit* = niedrigstwertiges Bit.

MSB ist die Abkürzung für *most significant bit* = höchstwertiges Bit.

Man bezeichnet damit bei einer Dual- bzw. Binärzahl die letzte und die erste Dual- bzw. Binärziffer.

Als Beispiel sei angenommen die Dualzahl

$$\text{LLOLOOLOLL} \mathrel{\hat{=}} 843$$

Dann ist die linke Dualziffer das höchstwertige Bit ($\hat{=}\ 2^9$) und die rechte Dualziffer das niedrigstwertige Bit ($\hat{=}\ 2^0$).

LSI

Large scale integration = hoher Integrationsgrad bzw. Integration hohen Grades bei monolithischen Halbleiterschaltungen. Bei LSI-Schaltungen befinden sich mehr als 100 Gatterfunktionen (Torschaltungen) auf *einem* Kristallchip, und zwar unabhängig davon, ob es sich um Bauelemente in bipolarer oder unipolarer (MOS) Technik handelt. Eine obere Grenze ist noch nicht festgelegt. LSI-Schaltungen sind meist aufgrund der hohen Komplexität kundenorientiert, d. h. der Hersteller fertigt diese mit einer Anzahl von Gattern, die dann entsprechend den Kundenwünschen zum Beispiel anhand einer Wahrheitstabelle verdrahtet werden oder es wird von vorneherein eine völlig auf den Kunden zugeschnittene Schaltung konzipiert (nur bei genügend großer Stückzahl). Es werden aber auch fertige LSI-Standardschaltungen (Speicher, Schieberegister) angeboten, neuerdings auch als Hybridschaltungen.

LVR

= Abkürzung für „Longitudinal Video-Recorder". Im Gegensatz zu den anderen, bereits auf dem Mark befindlichen Video-Kassetten-Systemen erfolgen hier Aufzeichnungen und Wiedergabe linear in Längsrichtung auf 28 Spuren mit einem feststehenden Kopf und nicht mit einem rotierenden. Das hier angewandte „Kontaktwickel"-Verfahren läßt das Arbeiten mit sehr dünnen Magnetbändern bei hoher Bandgeschwindigkeit (3 m/s bei Einmotorenantrieb) zu. So beträgt z. B. für 90 min Spielzeit die Banddicke nur 9 um für 120 min Spielzeit lediglich 6 um. Außerdem ergeben sich dadurch sehr kleine, kompakte Video-Kassetten, die mit einem nur 6,28 mm breiten Chromdioxid-Band bestückt sind (siehe ELEKTRONIK, H. 10/74, S. 396).

M

MAD

Obwohl diese Abkürzung aus dem Militärbereich stammt, hat sie nichts mit dem ,,Militärischen Abschirmdienst“ zu tun, sondern sie bedeutet vielmehr *„magnetic anomaly detection“*. Es handelt sich hier um eine in Aufklärungsflugzeuge eingebaute Einrichtung, genauer gesagt um ein Magnetometer, mit dem Verzerrungen im Magnetfeld der Erde entdeckt werden können, die durch ferromagnetische Massen (Schiffe, U-Boote) hervorgerufen werden können. Hierbei ist es völlig gleichgültig, ob sich das zu ortende Fahrzeug auf oder unter dem Wasser befindet (siehe auch ELEKTRONIK 1976, H. 1, S. 74).

Majoritätslogik

In monolithisch integrierter Technik werden neuerdings Logikgatter angeboten, die nach den Regeln der sogenannten Majoritätslogik arbeiten. Danach hängt der Zustand des Ausganges eines Gatters von dem Zustand der Mehrzahl (Majorität) der Eingänge ab. Wenn z. B. bei einem Gatter mit fünf Eingängen drei oder vier oder alle fünf Eingänge logisch H führen, dann liegt auch der Ausgang auf logisch H, andernfalls nicht. Es ist klar, daß die „Logik“-Eingänge hier nicht binär bzw. nach einem bestimmten Code bewertet sind. Sie können jedoch, wie in dem angeführten Beispiel, das Gewicht 1 haben; oder auch 2, dann zählt dieser Eingang zweimal. Bei Anwendung dieser Logik ergeben sich gegenüber den üblichen Logikschaltungen besonders bei Korrelationsproblemen erhebliche Vereinfachungen.

Markoffsche Kette

Eine Folge von Elementen, in der die Wahrscheinlichkeit des Auftretens eines Elements von genau n vorhergehenden abhängt, heißt Markoffsche Kette n-ter Ordnung. Man spricht also von einer Kette 1-ter Ordnung, wenn die Wahrscheinlichkeit vom vorhergehenden und nur von diesem abhängt. In der stochastischen Rechentechnik setzt man häufig voraus, daß z. B. zufällige Pulsfolgen keine inneren statistischen Bindungen aufweisen, also Markoffsche Ketten 0-ter Ordnung sind (siehe hierzu auch ELEKTRONIK 1975, H. 8, S. 81...84).

MAS-Transistoren

Wird zur Isolation der Gate-Elektrode vom Halbleiterkristall (Kanal) bei der Herstellung eines MOS-Feldeffekttransistors statt Siliziumoxid ein Aluminiumoxid verwendet, so wird das Element MAS-Transistor *(metal-alumina-semiconductor)* genannt. Die Aluminiumoxid-Schicht hat eine höhere Dielektrizitätskonstante und deshalb weist der MAS-Transistor nahezu die doppelte Steilheit konventioneller MOS-Transistoren auf. Bei der Herstellung von integrierten Schaltungen können MAS-Transistoren am Substrat auch enger aneinandergerückt werden, wodurch größere Schaltgeschwindigkeiten möglich sind.

MDT

Die Abkürzung MDT steht für „Mittlere Datentechnik". Sie füllt den großen und wichtigen Bereich zwischen den Taschen- und Tischrechnern einerseits und den Großrechenanlagen andererseits aus. Sie stellt im Grunde genommen eine Weiterentwicklung der früheren und zum Teil noch verwendeten „rechnenden Buchungsmaschinen" dar. Deshalb teilt man auch die Anlagen der Mittleren Datentechnik in Abrechnungscomputer und Magnetkontencomputer ein, wie sie beispielsweise kleinere Unternehmen für ihre Buchhaltung benötigten. Jedoch können MDT-Geräte z. B. in Form von sog. „Intelligenten Terminals", das sind Datenerfassungsstationen mit speziellen Verarbeitungsmöglichkeiten, auch in größere Datenverarbeitungssysteme integriert sein. In der BRD hat sich ein Teil der Hersteller von MDT-Anlagen zum „Arbeitskreis Mittlere Datentechnik" (AMD) zusammengeschlossen.

Mechanische Impedanz

Die mechanische Impedanz ist eine komplexe Größe, deren Amplitude und Phase eine Funktion der Frequenz sind; sie ist definiert als Verhältnis zwischen Kraft und Geschwindigkeit eines Systems:

$$Z(j\omega) = \frac{F}{v}(j\omega)$$

dabei ist Z die mechanische Impedanz, F die Kraft, v die Geschwindigkeit und ω die Frequenz.

Diese Größe taucht vor allem in der Regelungstechnik häufig auf und dient dort zur Bestimmung des Regelverhaltens von mechanischen Systemen (siehe ELEKTRONIK 1975, H. 8, S. 69...72).

Memistor

„Mem" steht für *memory*, Gedächtnis, Informationsspeicher, und „istor" für *resistor*, Widerstand; es handelt sich also um einen Widerstand mit Speicherwirkung. Der Memistor ist eine mit einer Metallsalzlösung gefüllte elektrolytische Zelle, durch die ein Draht mit dem Widerstand *R* läuft. Weiter führt in die Zelle eine Anode aus dem gleichen Metall, das die Salzlösung enthält. Legt man zwischen Widerstandsdraht und Anode eine Gleichspannung, so wandern je nach Polung Metallionen zum Widerstandsdraht und verringern *R*, oder sie wandern vom Widerstandsdraht weg zur Anode und erhöhen *R*. Man kann also durch Stromimpulse den Widerstandswert *R* verändern bzw. durch eine Feinmessung desselben Rückschlüsse ziehen auf die vorausgegangenen Stromimpulse.

Mesh-Zahl

In der Siebdrucktechnik benötigt man sehr feine Siebgewebe, die meist aus nichtrostendem Stahl bestehen und zur Stützung der Druckschablone dienen. Um die Feinheit des Gewebes definieren zu können, benutzt man die Mesh-Zahl, die die Anzahl der Maschen pro Zoll angibt (*mesh* = Masche).

Metallplattentechnik

Die Metallplattentechnik ist eine Methode für den Aufbau und die Verdrahtung von Elektronik-Baugruppen. Werden mehrere elektrische Schaltungen als Baugruppen zu einer größeren Einheit zusammengefügt, so benutzt man Baugruppenträger (Magazine), in deren Rückwand mittels Steckerleisten Leiterplatten kontaktiert werden. Das Prinzip der Metallplattentechnik besteht nun darin, daß der Anschlußpfosten des Steckverbinders direkt mit der Metall-Trägerplatte verbunden werden kann. Hierzu weist die Trägerplatte Bohrungen auf, in welche die isolierten Pfosten der Steckerleisten eingepreßt werden (s. a. ELEKTRONIK, Sonderbeilage PRODUKTRONIK, H. 9/1975, S. 77).

Microcontroller

In Verbindung mit Mikroprozessoren findet man in der amerikanischen Literatur häufig auch die Bezeichnung „Microcontroller". Beide Ausdrücke führen leicht zu Verwechslungen, denn ein Mikroprozessor kann leicht die Aufgabe eines Microcontrollers erfüllen, jedoch wird in diesem Fall der Mikroprozessor schlecht ausgenützt. Im Gegensatz dazu läßt sich ein Mikroprozessor nicht durch einen Microcontroller ersetzen, denn dieser verfügt über kein Rechenwerk, wodurch er ausschließlich für Steuerungsaufgaben herangezogen werden kann. Einen Microcontroller könnte man im Deutschen als „Programmschaltwerk" bezeichnen, wobei das Steuerprogramm in einem PROM abgespeichert ist (siehe hierzu ELEKTRONIK 1975, H. 1, S. 54).

Mikrocomputer

Der Mikrocomputer ist der „kleine Bruder" des Minicomputers. Er sieht ihm ähnlich und löst ähnliche Aufgaben, wird auch in den gleichen Wortlängen geliefert, hat aber im allgemeinen weniger Speicherkapazität, die der Kompaktheit und der niedrigen Kosten wegen ausschließlich durch Halbleiterspeicher dargestellt wird, während der Minicomputer noch gerne Kernspeicher verwendet. Auch die Zahl der Befehle, der Register usw. ist beim Mikrocomputer geringer – also eine Sparausgabe des Minicomputers, die aber für bestimmte Aufgaben völlig genügt (siehe ELEKTRONIK, H. 10/74, S. 379...395).

Microfiche

Das Microfiche (*fiche*, franz. = Blatt) – es kommt wie das Jacket aus der Mikroverfilmung – ist ein DIN A 6 großer (105 mm x 148 mm) Planfilm, der neben der (mit dem Auge lesbaren) Titelzeile insgesamt 5 Reihen mit je 12 Bildfeldern, also 60 Bildfeldern bzw. ohne Titelzeile 6 Reihen mit je 12 Bildfeldern enthält. Das Fassungsvermögen eines Bildfeldes ist abhängig von der geforderten Auflösung. Zur Herstellung dienen vorwiegend Spezial-Kreuzschlitten-Kameras, an die sehr hohe Anforderungen gestellt werden. Das Microfiche wird als Informationsspeicher verwendet in der allgemeinen Dokumentation (z. B. Zeitschriften auf Fiche), im Katalogwesen (z. B. Ersatzteilekatalog) und in der Forschungsdokumentation. Einzelheiten über Geltungsbereich, Maße, Aufbau, Lesbarkeit, optische Dichte usw. sind in DIN 19054 festgelegt.

Mikroprozessor

Der Mikroprozessor ist das „Herz" des Mikrocomputers. Umgekehrt: Aus dem Mikroprozessor kann ein Mikrocomputer werden, wenn man ihn mit Zusatzspeichern, Schaltern, Anzeigelämpchen, Netzteil und Gehäuse ausrüstet. Diese Übergangsmöglichkeit sowie die Übereinstimmung der Architektur und der Aufgabenbereiche führen häufig zur Verwischung der Grenzen zwischen Mikroprozessor und Mikrocomputer. Das „Herz" des Mikroprozessors wiederum ist die CPU, die zentrale Datentverarbeitungs- und Recheneinheit. Sie wird heute stets auf einem einzigen Chip in LSI-Große realisiert, und zwar in allen gängigen Halbleiter-Technologien, vorzugsweise aber in MOS-Technik. Im Gegensatz zu festverdrahteten Logik-Netzwerken oder Einzweck-Rechnern sind Mikroprozessoren frei programmierbar und somit der jeweiligen Aufgabe flexibel anpaßbar.

Mode-locking

Dieser Ausdruck stammt aus der Lasertechnik und bedeutet „Phasenkopplung". Die frei anschwingenden Eigenschwingungen in einem Laser-Resonator erzeugen am Laserausgang niederfrequentes Rauschen, das auf die statistische Phasenlage und die zeitlich veränderliche Amplitude der Eigenschwingungen im Resonator zurückzuführen ist. Durch „mode-locking" wird erreicht, daß Phase und Amplitude der Eigenschwingung geordnet sind, das heißt, das Ausgangssignal besteht dann aus regelmäßig aufeinanderfolgenden, sehr kurzen Einzelimpulsen, deren Impulsabstand der Laufzeit durch den Resonator entspricht. Um dies zu verwirklichen, gibt es zwei Möglichkeiten: Einmal passiv mit einer sättigenden Flüssigkeit, die nur Impulse mit sehr hoher, definierter Energie durchläßt und alles andere absorbiert, zum andern aktiv mit Hilfe eines akusto-optischen Modulators.

Monitor

Der Monitor ist – auf die EDV-Technik bezogen – ein Teil des Betriebssystems einer Datenverarbeitungsanlage, der in Verbindung mit Steuerlochkarten eine aufeinanderfolgende Reihe von Programmen selbständig steuert, so daß keinerlei weitere Bedienungseingriffe mehr erforderlich sind.
Die Verwendung eines Monitor(-programms) ist Voraussetzung für den sogenannten *Closed-Shop*-Betrieb eines Rechenzentrums. Der Programmierer bereitet dabei seine Programme und Daten unter Verwendung von Steuerkarten so vor, daß er beim Lauf der Programme an der Anlage nicht anwesend sein muß. Die gesamte Ablaufsteuerung übernimmt der Monitor.

MSI

Medium scale integration = mittlerer Integrationsgrad bzw. Integration mittleren Grades bei monolithischen Halbleiterschaltungen. Der Begriff ist größenordnungsmäßig zur Zeit nicht genau definiert. Von MSI-Schaltungen spricht man dann, wenn zwischen 10 und 100 Gatterfunktionen (Torschaltungen) auf *einem* Kristallchip untergebracht sind. Was darunter liegt, sind einfache integrierte Schaltungen (IS), was darüber liegt, sind LSI-Schaltungen. Anfangs handelte es sich um sogenannte kundenorientierte, also auf ein spezielles Konzept zugeschnittene Schaltungen. Um jedoch weitere Anwendungsgebiete zu erschließen, geht man heute immer mehr bzw. bei MSI fast ausschließlich auf Standardschaltungen über, wie zum Beispiel Dekaden- und Binärzähler, Schieberegister, Volladdierer, Multiplexer, Decodierer, kleinere Speicher usw.

MTBF

Mean time between failures = mittlerer Ausfallabstand. Das ist die errechnete, durchschnittliche Betriebszeit eines betrachteten Gerätes zwischen erstmaligem Einschalten und dem ersten Ausfall, bezogen auf eine größere Anzahl von Geräten. Bei nicht reparierbaren Geräten und Bauelementen (z. B. Halbleiter) spricht man auch von mittlerer Lebensdauer. Unter bestimmten Voraussetzungen errechnet sich der mittlere Ausfallabstand aus dem Kehrwert der Ausfallrate. – In diesem Zusammenhang verwendet man auch oft den Begriff „mittlerer Störungsabstand" *(mean time between malfunctions,* abgekürzt MTBM). Man versteht darunter den Quotienten aus der Summe der Betriebszeiten eines Gerätes zur Gesamtzahl seiner Störungen über einen bestimmten Zeitraum.

MTTR

Diese Abkürzung steht für „mean time to repair" = mittlere Reparaturdauer. Zusammen mit dem MTBF-Wert (MTBF=mean time between failures = mittlerer Ausfallabstand, vgl. Lexikon-Karte Nr. 44) läßt sich mit Hilfe einer Formel die Verfügbarkeit V eines Gerätes bestimmen. Die Formel lautet:

$$V = \frac{\text{MTBF}}{\text{MTBF} + \text{MTTR}}$$

Multichip-Technik

Bauelemente in Multichip-Technik enthalten die für eine bestimmte komplexe Schaltungsfunktion (z. B. für einen digitalen Zeitgeber) erforderliche Anzahl monolithischer Halbleiter-Chips, die auf ein gemeinsames Keramiksubstrat montiert sind und gleichzeitig zur Einsparung externer Verbindungen miteinander verbunden werden. Das Ganze kann durch Vergießen oder Tauchen mit verschiedenen Materialien umhüllt und sowohl in den üblichen Standardgehäusen (z. B. TO 5, SOT 9, TO 116 usw.) als auch in Spezialgehäusen geliefert werden. Als Alternative zu komplexen monolithischen Kundenschaltungen sind Multichip-Bauelemente in vielen Anwendungsfällen die technologisch und wirtschaftlich günstigere Lösung, da man sie kurzfristig aus vorhandenen Halbleiter-Bauelementen herstellen kann, wobei durch die relativ niedrigen Grundkosten auch kleinere Stückzahlen wirtschaftlich sind.

Multiprogramm-Verarbeitung

Man versteht darunter die Möglichkeit, mehrere voneinander unabhängige Programme zur besseren Ausnützung der Zentraleinheit und der Peripherie gleichzeitig ablaufen zu lassen. – Meist ist jedoch nur *eine* physikalische Programmsteuerung vorhanden. Deshalb bedeutet der gleichzeitige Ablauf mehrerer Programme in Wirklichkeit eine verzahnte, zeitlich gegeneinander verschobene Verarbeitung. Die Koordinierung der Programme, d. h. die zeitliche Zuordnung der Zentraleinheit zu den zum Ablauf bestimmten Programmen übernimmt das Betriebssystem. Die Zuordnung erfolgt meist nach Prioritäten, d. h. sobald mehrere Programme auf die Weiterarbeit warten, wird das Programm mit der höchsten Priorität ausgewählt. Eine fortgeschrittene Stufe der Multiprogramm-Verarbeitung ist z. B. der sogenannte *Time-Sharing*-Betrieb.

Multiwire

Das Multiwire (MW)-Verfahren ist eine in den USA entwickelte Methode zur Herstellung von verdrahteten Leiterplatten als Alternative zu den herkömmlichen gedruckten Schaltungen. Dabei erfolgt die Verbindung der Bauelemente auf der Leiterplatte durch isolierte Cu-Drahtleiter; lediglich für die Spannungsversorgungs- und Masseverbindungen werden geätzte Leiter verwendet. Da diese Drahtleiter, die maschinell und numerisch gesteuert auf der Leiterplatte verlegt und danach verpreßt werden, wegen ihrer Isolation nahezu beliebig viele Kreuzungen zulassen, ist eine sehr hohe Leiterdichte möglich, die in vielen Fällen Mehrlagenschaltungen überflüssig macht (vgl. ELEKTRONIK 1974, H. 5, S. 157).

N

NC

Die Abkürzung steht für *Numerical Control,* numerische Steuerung, und wird ausschließlich für automatische Werkzeugmaschinensteuerung angewandt, bei denen ein meist auf einem Lochstreifen gespeichertes Programm abläuft und durch digitale Steuerbefehle den Ablauf bestimmter Funktionen der Maschine bewirkt. Man könnte also ebensogut von einer digitalen Steuerung sprechen, doch hat sich die Bezeichnung „numerisch" zum Unterschied von vielen anderen digitalen Steuerungen bei Maschinen allgemein durchgesetzt. Numerisch heißt in diesem Fall, daß die von der Maschine anzufahrenden Koordinaten (z. B. X und Y bei einem Bohrloch) durch Zahlen eingegeben werden, die den Maßzahlen in unseren Zeichnungen entsprechen.

NDRO

Non destructive readout = zerstörungsfreies Auslesen (von Informationen aus einem Speicher). Diese Eigenschaft trifft auf alle Halbleiterspeicher zu, gleich ob sie in bipolarer oder MOS-Technik hergestellt sind. Beim Kernspeicher jedoch wird die Information beim Auslesen gelöscht. Die gelesene Information muß deshalb durch einen zusätzlichen Schreibtakt wieder abgespeichert werden. Derartige Speicher nennt man *destructive readout memories*, abgekürzt DRO-memories.

NDS-Material

NDS steht für Neutronen-dotiertes Silizium. Dieses Halbleitermaterial zeichnet sich durch eine sehr homogene Dotierung aus; sie wird durch Neutronenbeschuß des Siliziums erreicht, wobei im Kernreaktor einzelne von Neutronen getroffene Siliziumatome in Phosphoratome umgewandelt werden. Diese Phosphoratome sind im Kristallvolumen extrem gleichmäßig verteilt. Auf der Basis dieses NDS-Materials lassen sich besonders Silizium-Höchstleistungsbauelemente mit bisher nicht erreichten Eigenschaften herstellen (vgl. ELEKTRONIK 1975, H. 4, S. 71).

NIM-Signal

Im Jahr 1964 wurden von der „United States Atomic Energie Comission" Normen für die Nuklearelektronik festgelegt (Nuclear Instruments Modul Standard). Weniger bekannt als die NIM-Normung für Meßinstrumente ist das sogenannte schnelle NIM-Signal. Dieses Signal ist ein Triggerimpuls mit einer Amplitude von –0,8 V, mit einer Anstiegs- und Abfallzeit von je 10 ns und einer Dauer von 30 ns. Es wird als Referenzsignal für Messungen in der Zeitspektroskopie verwendet.

Nondispersive signals

Signale, die ihre Phasenlage zueinander beim Durchlaufen einer Verzögerungsleitung nicht verändern. Werden an einer solchen Verzögerungsleitung an beliebiger Stelle Ausgänge angebracht, dann sind die dort erhaltenen verzögerten Wellenzüge mit der Wellenform am Eingang identisch. Eine Anwendung finden solche Signale in Verzögerungsleitungen von Zeitmultiplexgeräten, bei denen die Anzapfungen so angebracht sind, daß sie mit der Information in einem codierten Signal in Beziehung stehen. Zu einem bestimmten Zeitpunkt, der vom Signalcode abhängt, ergeben alle Ausgänge zusammen je nach der Information eine logische 1 oder eine 0. Zu anderen Zeitpunkten sind die Spannungen an den Ausgängen nicht in Phase, heben einander auf und es ergibt sich keine Ausgangsspannung.

Norton-Verstärker

Der „Norton-Verstärker“ ist ein dem Operationsverstärker ähnliches Gebilde, das jedoch keinen echten Differenz-Eingang besitzt, sondern der „+“-Eingang wird durch eine Stromspiegelungsschaltung (current mirror circuit) realisiert, so daß man schaltungstechnisch in vielen Fällen so verfahren kann, wie wenn man einen Differenz-Eingang vor sich hätte. Der Norton-Verstärker ist ein Stromverstärker: Die Eingangsspannungen werden durch hohe Eingangswiderstände in Ströme umgesetzt. Dieser Verstärker ist in monolithisch integrierter Technik relativ einfach herzustellen und deshalb auch preisgünstig zu haben. Er ersetzt in vielen Fällen herkömmliche Operationsverstärker (siehe ELEKTRONIK 1974, H. 4, S. 127...129).

O

OCR

Optical Character Recognition = optische Zeichenerkennung. In der elektronischen Datenverarbeitung versteht man darunter eine Einrichtung, mit der z. B. Ziffern und Zeichen, die ohne Schwierigkeiten auch vom Menschen gelesen werden können, maschinell erkannt und in elektrische Signale für die weitere Verarbeitung umgewandelt werden. Dazu verwendet man in der Regel stilisierte Zeichen. Für diesen Zweck ist u. a. die OCR-A-Schrift mit zehn Ziffern und vier Hilfszeichen von der *International Organization for Standardization* (ISO) entwickelt und mit der Bezeichnung „Schrift A“ unter DIN 66 008 vom Deutschen Normenausschuß genormt worden. Stilisierte Schrift kann z. B. auf Bankschecks und anderen Zahlungsbelegen angebracht werden, wobei diese Belege dann als Datenträger unmittelbar in die EDV-Anlage eingelesen werden.

OEM

Im Sprachgebrauch der amerikanischen Industrie ist OEM *(original equipment manufacturer)* der Hersteller einer Ware, eines Geräts, einer Maschine oder eines Fahrzeugs, die unter einer bestimmten Typenbezeichnung oder Marke als Einheit verkauft werden. In dieser Einheit können aber Teile oder Baugruppen enthalten sein, die von Unterlieferanten hergestellt und angeliefert wurden, wie z. B. bei einem Automobil der Vergaser, die Batterie. Der Unterlieferant hat den Vorteil, nur mit dem OEM Abschlüsse zu tätigen, er ist also nicht belastet durch Einzeloperationen mit den Endabnehmern und durch den Kundendienst.

On-Line-Überwachung

Es erweist sich in der EDV-Technik als zweckmäßig, beim Test von Programmen nachträglich ein Abbild des Ablaufs in Form eines Überwachungsprotokolls zu erhalten. Mit Hilfe der dabei gewonnenen Daten ist es möglich, eventuell nach mehreren entsprechend modifizierten Läufen des Programms, logische Fehler zu entdecken. Bei groben Fehlern im Testobjekt können jedoch bei dieser Methode sogar das Betriebssystem oder andere Programme gestört werden. Dieses ist jedoch beim Prozeßrechnereinsatz nicht zuträglich. – Solche Störungen sind bei der Methode der On-Line-Überwachung vermeidbar. Das On-Line-Überwachungsprogramm interpretiert die auszuführende Operation *vor* ihrer Ausführung auf Zuverlässigkeit und verhindert die Ausführung. Damit ist es möglich, die durch Prozeßaufgaben nicht benützte Rechnerkapazität für Testzwecke zu nutzen, ohne den Prozeßbetrieb zu gefährden.

Optische Aktivität

Unter optischer Aktivität versteht man die Eigenschaft eines Stoffes, die Schwingungsebene linear polarisierten Lichtes zu drehen, das durch diesen Stoff hindurchgeschickt wird. Der Betrag der Drehung ist abhängig von einer Stoffkonstanten, der „spezifischen Drehung", von der durchstrahlten Schichtlänge und, bei Lösungen, von deren Konzentration. Auch die Lichtwellenlänge ist von Einfluß auf die Drehung, weshalb exakte Messungen derselben nur mit monochromatischem Licht möglich sind.

Optische Rückkopplung

Optische Rückkopplung liegt dann vor, wenn sich eine Leuchtdiode und ein Fototransistor – z. B. getrennt durch eine Schlitzscheibe – gegenüberliegen und beide vom gleichen Strom durchflossen werden, d. h. sie sind in Reihe geschaltet. Läßt bei dieser Anordnung eine Öffnung der Schlitzscheibe Licht von der Leuchtdiode zum Fototransistor durch, dann bildet sich eine optisch geschlossene Rückkopplungsschleife. Sie bewirkt, daß am Ausgang des Fototransistors ein binäres Signal abgenommen werden kann, ohne daß – wie normalerweise üblich – ein zusätzlicher Schwellwertschalter benötigt wird.

Optro-Sensitograf

Die Bezeichnung wurde für eine Anordnung geprägt, mit der man die Lichtempfindlichkeit optoelektronischer Sensoren (z. B. Fotodioden, Fototransistoren) punktweise, zeilenweise oder auch flächenhaft untersuchen kann. Der Optro-Sensitograf wird aus drei Oszillografen zusammengeschaltet: Der erste erzeugt auf seinem Schirm ein Zeilenrasterbild, mit dem über eine Optik der Prüfling beleuchtet wird. Der Ausgangsstrom des Prüflings erzeugt auf dem zweiten, synchron abgelenkten Oszillografen ein Flächenbild der Lichtempfindlichkeit des Prüflings, der schließlich mit dem dritten Oszillografen zeilenweise geprüft werden kann (vgl. ELEKTRONIK 1973, H. 12, S. 419...423).

OTA

Operational transductance amplifier; das sind Operationsverstärker, bei denen durch Veränderung des Ruhestroms der Eingangs-Differenzstufe über einen zusätzlichen Eingang die Vorwärtssteilheit *(transductance)* und damit die Leerlaufverstärkung der gesamten Schaltung beliebig eingestellt werden kann. Die Vorwärtssteilheit ist dabei direkt proportional zu diesem Ruhestrom, der in der einschlägigen Literatur auch mit Verstärker-Vorstrom bezeichnet wird. Die Linearität der Vorwärtssteilheit erstreckt sich über mehrere Dekaden.

Ovonics

Schaltelemenfe aus amorphem Halbleitermaterial, meist passend dotiertem Glas, die nach ihrem Erfinder, *Stanford Ovshinsky,* so benannt wurden. Das amorphe Material hat im Ruhezustand einen hohen elektrischen Widerstand, Zustand „O". Durch einen Schreibimpuls von definierter Intensität und Dauer wird das amorphe Material geordnet, also kristallisiert, sein elektrischer Widerstand sinkt etwa um den Faktor 1000, Zustand „L"; dieser Zustand ist permanent, wie der Zustand „O", weshalb der Speicher auch ohne Stromversorgung seine Information behält. Ein Löschimpuls von ebenfalls genau definierter Intensität und Dauer kann jedoch den kristallinen in den amorphen Zustand zurückführen und damit die Information löschen.

P

Paging

In der angloamerikanischen Umgangssprache versteht man darunter das Ausrufen einer Person, beispielsweise in einer Hotel- oder Werkhalle mit Hilfe einer Lautprecher-Rufanlage. Das Wort kommt aber natürlich von *page* (= Seite) und wird in der EDV für das *seitenweise* Einholen und Auslagern von Informationen bei einem Datenspeichersystem benutzt.

PAM

Diese Abkürzung steht für „Puls-Amplituden-Modulation". Bei dieser Modulationsart wird ein analoges Signal nicht kontinuierlich übertragen, vielmehr wird aus dem Signal eine äquidistante Folge von Momentanwerten herausgegriffen, ähnlich wie bei einem Abtast-Oszillografen (Sampling-Prinzip). Jeder

Momentanwert wird durch einen in seiner Amplitude proportionalen Impuls übertragen. Bei der Demodulation werden die Impuls-Spitzenwerte ermittelt und kurzzeitig gespeichert, es entsteht eine Art Treppenspannungskurve, die der Originalkurve ähnlich ist. Mehrere PAM-Impulsfolgen können im Zeitvielfach-Betrieb ineinandergeschachtelt werden, um mehrere Signale über einen einzigen Kanal zu übertragen.

PANE

Performance Analysis of Electrical Networks = ein Rechner-Programm zu statistischen Untersuchungen von linearen und nichtlinearen elektrischen Schaltungen im Gleich- und Wechselstrombereich. Außerdem können damit die Schaltungen für den ungünstigsten Fall *(worst case)* berechnet werden. Mit dem Programm lassen sich Netzwerke mit insgesamt 200 Eingangsvariablen, 60 voneinander abhängigen Knoten und 50 Ausgangsvariablen verarbeiten. Der eigentliche Zweck ist die Optimierung der Bauelemente-Toleranzen, d. h. festzustellen, wo Bauelemente mit engen Toleranzen benötigt werden oder wo diese mit weiten Toleranzen verwendet werden können, ohne die Funktion der Schaltung zu beeinträchtigen. Das ist in der Fertigung von erheblicher Bedeutung, denn die Wahl der Toleranzen bestimmt in starkem Maße den Herstellungspreis (vgl. ELEKTRONIK 1970, H. 4, S. 133).

Partyline

Es handelt sich um eine von der Firma Philips eingeführte Bezeichnung für das von ihr entwickelte digitale Bus-System, d. h. um eine vieladrige *Daten-Sammelschiene* (vgl. ELEKTRONIK 1972, H. 10, S. 331...333). An diese können digitale Ein- und Ausgabegeräte, zu denen auch Meßgeräte gehören, sowie signal- bzw. datenverarbeitende Geräte in beliebiger Reihenfolge angeschlossen werden. Jedes an das Partyline-System angeschlossene Gerät ist über eine bestimmte Adresse ansprechbar, bzw. es setzt der von ihm abgegebenen Information eine Adresse vor. Internationale Normungsbestrebungen für derartige Bus-Systeme sind im Gang (vgl. ELEKTRONIK 1973, H. 8, S. 300).

μP, μC

μP ist die Abkürzung für Mikroprozessor; sie setzt sich in den USA immer mehr durch.
μC ist die Abkürzung für Mikrocomputer, eine ausgebaute Version des Mikroprozessors.

PCM

Diese Abkürzung steht für „Puls-Code-Modulation“. Bei dieser Modulationsart wird ein analoges Signal nicht kontinuierlich übertragen, vielmehr wird aus dem Signal eine äquidistante Folge von Momentanwerten herausgegriffen, ähnlich wie beim Abtast-Oszillografen (Sampling-Prinzip). Jeder Momentanwert wird für sich digitalisiert, d. h. durch eine binär codierte Zahl ausgedrückt, und in dieser Form übertragen. Bei der Demodulation werden die einzelnen Zahlen durch D/A-Umsetzer in proportionale Analogwerte umgesetzt, diese werden kurzzeitig gespeichert und bilden eine Art Treppenspannungskurve, die der Originalkurve ähnlich ist. Mehrere PCM-Impulsfolgen können im Zeitvielfach-Betrieb ineinandergeschachtelt werden, um mehrere Signale über einen einzigen Kanal zu übertragen.

PDPI-Regler

Der sogenannte PDPI-Regler besteht im wesentlichen aus der Reihenschaltung eines stetig arbeitenden PD-Reglers und eines schaltenden PID-Reglers, der jedoch aufgrund einer verkleinerten Vorhaltzeit eigentlich nur noch schaltendes PI-Verhalten zeigt. Dieser zusätzliche Integralanteil bewirkt, daß die für das PD-Verhalten typische bleibende Regelabweichung vollkommen ausgeregelt wird. Das heißt, der PDPI-Regler regelt in sehr kurzer Zeit und ohne Überschwingen (aufgrund des PD-Reglers) auf den eingestellten Sollwert ein. Darüber hinaus zeigt der PDPI-Regler ein wesentlich besseres Störverhalten gegenüber allen anderen Reglertypen (siehe auch ELEKTRONIK 1973, H. 5, S. 165...168).

PEARL

Process and Experiment Automation Realtime Language = Höhere Programmiersprache, die, wie ihre englische Bezeichnung schon aussagt, vorwiegend für die Automatisierung von Prozeßsteuerungen und experimentellen Abläufen bzw. Meßanordnungen verwendet wird. Diese Sprache wurde aus BASIC entwickelt.

Phase-locked loop

Eine sogenannte *phase-locked loop*-Schaltung stellt einen geschlossenen Regelkreis dar, bei dem das Ausgangssignal phasenstarr einem Referenzsignal folgt. Das heißt, die Phase des oder der Ausgangssignale wird dauernd mit der Phase des Referenzsignals verglichen. Jede Phasendifferenz zwischen den beiden Signalen erzeugt eine Korrekturspannung, die wieder für einen Gleichlauf der beiden Signale sorgt. Jede PLL-(phase-locked loop-)Schaltung enthält demzufolge unter anderem einen Phasenkomparator sowie einen spannungsgesteuerten Oszillator (VCO). Sie werden bereits in monolithisch integrierter Technik angeboten.

Piezo

Das Wort ist in der Elektrotechnik durch den piezoelektrischen Effekt bekannt geworden. Dieser tritt bei bestimmten anisotropen Kristallen (z. B. Quarz, Turmalin, Seignettesalz) auf, wenn diese durch die Anwendung von Kraft bzw. Druck mechanisch deformiert werden. In diesen Kristallen tritt dann eine Ladungsverschiebung auf, die über Elektroden als Spannung abgenommen werden kann. Der Effekt ist umkehrbar (vgl. ELEKTRONIK-Arbeitsblatt Nr. 75 in den Heften 7 und 8/1973). An sich bedeutet das aus dem Griechischen stammende Wort

Piezo soviel wie *Druck*, es ist also nicht an den geschilderten Effekt gebunden. Daher werden z. B. Dehnungs-Meßstreifen, deren ohmscher Widerstandswert sich bei Kraftanwendung ändert, als *piezoresistiv* bezeichnet.

Pile up-Schaltung

Dieser Spezialausdruck kommt aus der Nuklearelektronik. Hier hat man sehr häufig mit zeitlich statistischen Detektorsignalen zu tun, die, wenn sie in sehr kurzen Abständen aufeinanderfolgen, zu Mehrfach-Überlagerungen führen und damit Amplitudenverfälschungen hervorrufen, das heißt, es entstehen sog. pile up-Fehler. Um diese Detektorsignale eindeutig voneinander zu trennen, verwendet man pile up-Unterdrückungsschaltungen. Eine solche Schaltung kann beispielsweise durch spezielle nachtriggerbare und erholzeitfreie Monoflops realisiert werden (siehe auch ELEKTRONIK 1975, H. 1, S. 73).

Pinkompatibel

Dieser (Laborjargon)-Ausdruck besagt, daß ein Bauelement Stift für Stift *(pin)* mit einem anderen anschlußmäßig übereinstimmt. Das heißt, man kann die betreffenden Bauelemente ohne Anschlußänderungen gegeneinander austauschen. Dies trifft insbesondere auf monolithisch integrierte Operationsverstärker und Digitalschaltungen zu.

Planistor

Der Name „Planistor“ entstand aus „Planar Resistor“; er bezeichnet einen neuartigen Widerstand (von der englischen Firma Welwyn entwickelt), bei dem ein Metallfilm auf ein kleines, *flaches* Substrat aufgebracht ist. Die Abmessungen des Metallfilms bestimmen den Widerstandswert, während über die Dicke die Stabilität und der Temperaturkoeffizient beeinflußt werden können; letzterer reicht herab bis ±1 PPM/°C. Es lassen sich damit sehr hohe Widerstandswerte realisieren (bis etwa 1 GΩ). Durch die planare Konstruktion ergeben sich außerdem ausgezeichnete Hf-Eigenschaften.

PL 1

= die Abkürzung für *Programming Language* 1. Es handelt sich dabei um eine problemorientierte Programmiersprache, die sich sowohl für die Lösung kommerzieller als auch technisch-wissenschaftlicher Probleme eignet. Sie lehnt sich an die bekannten, ebenfalls problemorientierten Sprachen Algol, Fortran, Cobol an, geht aber in den syntaktischen Möglichkeiten weit über diese hinaus. Außerdem lassen sich im Gegensatz zu diesen Sprachen mit PL 1 bereits während der Programmübersetzung bestimmte Anweisungen durchführen, wodurch eine Einflußnahme auf das übersetzte Programm möglich ist. PL-1-Programme lassen sich ferner in Gruppen und Blöcke einteilen; dies ermöglicht dem Programmierer, dafür Sorge zu tragen, daß im Arbeitsspeicher jeweils nur der wirklich benötigte Platz reserviert wird. Trotz einiger wesentlicher Vorteile hat sich die Sprache PL 1 bis jetzt nicht richtig durchsetzen können.

Polnische Notation

Bei Taschenrechnern sind folgende Verarbeitungsprinzipien üblich:

a) die algebraische Logik (hier werden die Zahlen und Operatoren so eingegeben, wie man sie „spricht“);
b) die arithmetische Logik (das Eintasten der Zahlen und Operatoren erfolgt wie unter a), jedoch ohne separater Ergebnistaste);
c) die „umgekehrte Polnische Notation“. Sie wurde von dem Polen Lukasiewicz eingeführt. Bei diesem Verfahren gibt man zuerst nacheinander beide Operanden ein. Das Ende des ersten Operanden wird durch den sog. „Enter“-Operator markiert, der gleichzeitig die erste Zahl vom X- ins Y-Register schiebt. Das Ergebnis wird dann gebildet, wenn nach Eingabe des zweiten Operanden eine Operationstaste betätigt wird (vgl. ELEKTRONIK 1975, H. 2, S. 54...60).

Polynom

Ein aus mehr als zwei Gliedern bestehender, also mehr- oder vielgliedriger mathematischer Ausdruck, bei dem die einzelnen Glieder durch ein Plus- oder Minuszeichen miteinander verbunden sind. Zum Beispiel: $2 + x - x^2 + x^3$

Polynome können sowohl für sich als auch beispielsweise im Nenner und Zähler eine Bruches stehen (ELEKTRONIK 1970, H. 10, S. 329...334). Ein *Monom* dagegen ist ein eingliedriger Ausdruck.

Polysolenoid

Der *Polysolenoid* ist eine Sonderform des Linearmotors (aufgewickelter Asynchronmotor, auch Wanderfeldmotor genannt). Hierbei wirkt eine Schubstange wie der Hubkolben in einem Hydraulik- oder Pneumatikzylinder. Der entscheidende Vorteil dieses Antriebs ist der theoretisch unbegrenzte Hub, so daß damit längere und schnelle Bewegungsvorgänge bei relativ kleinen Kräften möglich sind. Aggregate zur Druckerzeugung werden nicht benötigt. Ausführungen mit Schubkräften bis zu 33 kp $\cong$ 330 N bei Schubgeschwindigkeiten von 3 m/s sind bereits realisiert worden.

Polyzellen-Verfahren

Es handelt sich hierbei um eine Methode zur Herstellung von integrierten Schaltungen in LSI-Größe. Sie beruht auf dem Prinzip der „festen Verdrahtung“, wobei gegenüber derjenigen mit „diskreter Verdrahtung (kleinste Einheit ist eine Zelle bzw. eine einfache Grundschaltung, z. B. ein NOR-Gatter) eine bereits verbundene bzw. verdrahtete Reihe von Einheitszellen als sogenannte Mehrfachzelle *(Polyzelle)* verwendet wird. Eine solche Polyzelle kann z. B. aus einer kleineren Anordnung von Gattern, Flipflops oder relativ komplexen Einheiten bestehen. Alle elektrischen und physikalischen Eigenschaften bzw. Daten dieser Polyzellen werden in einem Computer gespeichert, der dann je nach Kundenwünschen mittels einer numerisch gesteuerten Zeichenmaschine die automatische Zeichnung von Maskensätzen für jede Zahl von Polyzellen in jeder gewünschten Folge und das Layout für die Herstellung großer Polyzellenanordnungen ermöglicht.

POP

= Particle-Oriented Paper. Es handelt sich hier um ein magnetisch empfindliches Registrierpapier, auf das mit Hilfe eines Magnet-Schreibkopfes beliebige Informationen *sichtbar* aufgezeichnet und wieder gelöscht werden können. Die aktive Emulsion dieses Registrierpapiers besteht aus kleinen, durchsichtigen, ölgefüllten Kapseln, die zwischen einer durchsichtigen Deckschicht (Oberseite) und einem Trägersubstrat (Unterseite) eingebettet sind. In diesen Kapseln befinden sich Metallplättchen, die vor der Aufzeichnung elektromagnetisch parallel zur Papieroberfläche ausgerichtet wurden und so das einfallende Licht reflektieren, so daß das Papier hell erscheint. Beim Einschreiben mit dem Magneten kippen die Metallpartikel in die senkrechte Lage, wodurch das Licht gestreut wird und die entsprechenden Stellen dunkel erscheinen.

Potentiostat

Für elektrochemische Untersuchungen an Elektroden werden elektronische Regelgeräte benötigt, die die zu untersuchende Arbeitselektrode auf ein vorgegebenes Potential gegenüber dem Elektrolyt bringen. *Potentiostaten* regeln den Strom, der zwischen der zu untersuchenden Arbeitselektrode und einer Gegenelektrode fließt, derart, daß das Potential zwischen Arbeitselektrode und einer Bezugselektrode den vorgegebenen Wert annimmt. Die Bezugselektrode nimmt bei stromloser Potentialmessung ($i < 10^{-9}$ A) ein konstantes Potential gegenüber dem Elektrolyt ein.

PPI

Abkürzung von engl. *Plan Position Indicator* = Sichtgerät einer Rundsicht-Radaranlage, das im wesentlichen aus einer Elektronenstrahlröhre besteht, bei der man den Elektronenstrahl vom Mittelpunkt des kreisrunden Bildschirmes radial nach außen und zusätzlich kreisförmig ablenkt. Die radiale Strahlablenkung ist mit den von der Radar-Sendeantenne ausgesandten Hf-Impulsen und die kreisförmige Ablenkung mit der Antennendrehung synchronisiert. Der Elektronenstrahl wird nur dann aufgetastet, wenn ein Echoimpuls an der Radar-Empfangsantenne eintrifft. Auf dem Bildschirm entsteht so ein kartenähnliches Abbild des abgetasteten Geländes, das wegen der großen Nachleuchtdauer des Bildschirmes wie ein im ganzen projiziertes Bild erscheint und in dessen Mittelpunkt sich die Radaranlage befindet.

Prepreg

Mit dem Ausdruck *Prepreg* werden Verbindungsfolien bezeichnet, die zum Laminieren von Mehrlagenschaltungen verwendet werden. Diese Folien müssen folgende Forderungen erfüllen: geringer Harzfluß, gleichmäßige Haftung, gute Füllung aller Zwischenräume, exakte Reproduzierbarkeit sowie gleichförmiges Dielektrikum.

PRK

Die Abkürzung *PRK* steht für *Phasenregelkreis*. Es handelt sich dabei um einen Regelkreis, der einen spannungsgesteuerten Oszillator von veränderlicher Frequenz und Phase enthält; im Gegensatz zu konventionellen Regelkreisen wird das Differenzsignal nicht durch Spannungs- oder Stromvergleich gewonnen, sondern durch *Phasenvergleich* zwischen einer von außen zugeführten Referenzschwingung und der im Regelkreis erzeugten Schwingung. Die dabei entstehende Phasendifferenz erzeugt ihrerseits eine Korrekturspannung, die wieder für einen Gleichlauf der Schwingungen sorgt. Die englische Bezeichnung für einen solchen Regelkreis ist *„phase-locked loop"-circuit,* abgekürzt PLL (siehe auch Stichwort „Phase-lockedloop").

Prozeßelemente (PE)

Prozeßelemente sind Peripherieeinheiten, die eine Verbindung zwischen der Zentraleinheit eines Prozeßrechners und den Geräten zur Prozeßinstrumentierung herstellen. Sie haben eingabeseitig die Aufgabe, Prozeßgrößen, die den Geräten in elektrischer Form vorliegen, so umzuformen, daß ein Prozeßrechner sie verarbeiten kann. Ausgabeseitig wandeln Prozeßelemente die Ausgangswerte der Zentraleinheit in prozeßgerechte (elektrische) Signale um. Nichtelektrische Größen müssen vorher in elektrische umgeformt werden.
Aus technischen und wirtschaftlichen Gründen sind Prozeßelemente modular aufgebaut, um die verschiedenen Teilaufgaben (Organisation des Zeitablaufes, Signalformung, räumliche Zusammenfassung oder Auffächerung von Signalen) in konstruktiv selbständigen Funktionseinheiten zu realisieren.

Prozeß-FORTRAN

Prozeß-FORTRAN ist eine Abart der problemorientierten Programmiersprache FORTRAN (Abk. für *Formula Translation*, siehe Lexikonkarte Nr. 35). Zusätzlich zu den Möglichkeiten der Sprache FORTRAN sind Eigenschaften realisiert, die für einen Real-Time-Betrieb bedeutungsvoll sind. Dies sind insbesonders: a) Sprachmittel, um die Zeiteffektivität, d. h. die Laufzeit des Programms zu verbessern; b) Sprachmittel, um spezielle Koordinierungsmaßnahmen (Programmwechsel, Programmstart) ausführen zu können; c) Sprachmittel zum Verkehr mit der Prozeßperipherie, insbesondere die Verarbeitung von Alarmsignalen; d) spezielle Mittel zu einer erweiterten Datendarstellung (Bit-Adressierung). Gegebenenfalls wird auf andere, in diesem Zusammenhang weniger bedeutungsvolle Sprachelemente verzichtet.

Prozeßsignalformer (PSF)

Es ist dies die Funktionseinheit eines Prozeßelements zwischen Prozeßelement-Steuerung und Prozeßperipherie zur Umformung der Darstellungsart und des Zeitverhaltens der aufgenommenen Signale. Ein PSF besteht aus einer Steuereinheit, die den zeitlichen Arbeitsablauf der angeschlossenen Geräte, die Decodierung der Geräteadressen und die Zwischenspeicherung der Meßwerte übernimmt, und den angeschlossenen Ein-/Ausgabegeräten, die spezielle Ein-/Ausgabefunktionen ausführen, wie Analog-Digital-Umsetzung oder Digital-Ein- bzw. -Ausgabe.

Purple Plague

Unter „Purple Pague“ versteht man die Bildung einer intermetallischen Verbindung an den Kontaktierungsstellen von elektronischen Bauelementen, wenn die Bonddrähte aus Aluminium oder Gold bestehen. Diese intermetallische Verbindung kann bei kritischen Temperaturbelastungen zu Ausfällen führen, die in der Regel als Drahtbrüche auftreten.

PUT

Programmierbarer Unijunction-Transistor. Vierschicht-Halbleiterbauelement mit *einer* Steuerelektrode (entweder anoden- oder katodenseitig), bei dem sich durch äußere Beschaltung mit Widerständen die elektrischen Kenndaten eines Unijunction-Transistors (UJT) einstellen (programmieren) lassen. Während beim UJT je nach Typ die Werte für Zwischenbasis-Widerstand, Höckerstrom und -spannung, Talstrom sowie das Teilerverhältnis der Basiswiderstände fest vorgegeben sind, kann man sie beim PUT entsprechend den jeweiligen Anforderungen wählen. Es ist zu beachten, daß der PUT im eigentlichen Sinne *kein* Transistor ist, sondern eine steuerbare Vierschichtanordnung (vgl. ELEKTRONIK 1970, H. 5, S. 159).

PXE

Piezoxide (abgekürzt PXE) sind keramische piezoelektrische Materialien, die vorwiegend auf der Basis von Blei-Titanaten hergestellt werden. Sie dienen der mechanisch-elektrischen bzw. elektrisch-mechanischen Energieumwandlung und können in den verschiedensten Bauformen (Zylinder, Rohre, Platten, Stäbe, Scheiben) gefertigt werden. Gegenüber den herkömmlichen, natürlichen Piezowandlern aus Quarz und Seignettesalz sind sie anpassungsfähiger und auch preisgünstiger. Bei Piezoxiden führt eine Druckeinwirkung zu einer unsymmetrischen Verschiebung der Ionen im Kristall gegeneinander: Es bilden sich Ladungen an der Oberfläche, wobei deren Größe von der Stärke der einwirkenden Kraft abhängt (piezoelektrischer Effekt). Durch elektrische, mechanische oder thermische Überbeanspruchung verschwinden die piezoelektrischen Eigenschaften.

Pyrodetektor

Der Pyrodetektor (pyroelektrischer Strahlungsdetektor) ist ein Bauelement zum Nachweis von Infrarot (IR)-Strahlung, wobei der sog. Pyroeffekt ausgenutzt wird. Dieser tritt bei ferroelektrischen Materialien (z. B. TGS-Triglyzinsulfat) auf und hat zur Folge, daß bei IR-Bestrahlung eines kleinen ferroelektrischen Kondensators dessen Temperatur ansteigt, womit gleichzeitig eine spontane Polarisation und ein Freisetzen von elektrischer Ladung auf der Oberfläche verbunden ist. Diese Ladung kann mit Hilfe eines hochohmigen Verstärkers (z. B. mit FET-Eingang) abgefragt und weiter verarbeitet werden. Die Größe der Ladung ist ein direktes Maß für die eingestrahlte IR-Energie. Pyrodetektoren sind über einen weiten Wellenlängenbereich sehr empfindlich (siehe ELEKTRONIK 1974, H. 11, S. 413).

Pyrotron

Das Pyrotron stellt gewissermaßen eine „Wärmebildröhre" dar, die im wesentlichen aus einer Vidikon-Röhre mit einer pyroelektrischen Abtastfläche besteht. Ein pyroelektrischer Kristall, z. B. Triglyzinsulfat (TSG), hat die Eigenschaft, daß er eine temperaturabhängige, spontane Polarisation aufweist. Das heißt, eine zum Beispiel durch Infrarot-Strahlung hervorgerufene Temperaturänderung in dem Kristall erzeugt eine Oberflächenladung, die genau wie bei einem herkömmlichen Vidikon durch Abtastung mit einem Elektronenstrahl einem angeschlossenen Verstärker zugeführt werden kann. Die spektrale Empfindlichkeit einer solchen Röhre erstreckt sich weit in das Infrarotgebiet bis etwa 40 µm Wellenlänge.

Q

Quellencodierung

Der Begriff wird in der Nachrichtentechnik angewandt und bedeutet, daß ein Signal bzw. eine Information schon am Ort seiner bzw. ihrer Entstehung oder Aussendung codiert (verschlüsselt) wird, also an der Signalquelle. Im Gegensatz dazu wird bei der *Kanalcodierung* die Verschlüsselung des Signals erst im Übertragungskanal vorgenommen.

R

RAM

Random-access memory = Speicher mit wahlfreiem Zugriff. Diese Bezeichnung ist streng genommen für sich allein nicht ausreichend, denn auch Festwertspeicher (ROM) haben wahlfreien Zugriff. Besser wäre Schreib/Lese-Speicher. Er wird meist als Kernspeicher ausgeführt, d. h. es kann direkt jede beliebige Information über Adressen eingeschrieben, gespeichert und wieder ausgelesen bzw. gelöscht werden. Jedes Wort bzw. Bit ist dabei direkt anwählbar. In den letzten 1 bis 2 Jahren sind solche Schreib/Lese-Speicher aber auch auf Halbleiterbasis auf den Markt gekommen. Es handelt sich hier um monolithisch integrierte Schaltungen in LSI-Größe, die in TTL- oder MOS-Technik hergestellt sind.

Raster-Elektronenmikroskop (REM)

Bei Raster-Elektronenmikroskopen, abgekürzt REM, unterscheidet man zwischen dem älteren Oberflächen-Rasterelektronenmikroskop (SEM = *Scanning Electron Microscope)* und dem neueren Durchstrahlungs-Rasterelektronenmikroskop (STEM = *Scanning Transmission Electron Microscope*). Gegenüber den konventionellen Elektronenmikroskopen (CEM), die mit elektromagnetischen Linsen als vergrößerndes Abbildungssystem arbeiten, wird beim SEM und STEM das Objekt von einem sehr fein gebündelten Elektronenstrahl abgetastet, wobei es nur kurzzeitig bestrahlt und somit geschont wird. Das gerasterte Bild wird auf einem TV-Monitor sichtbar. Während man mit dem SEM nur ein Oberflächenbild erhält, allerdings mit großer Schärfentiefe, liefert das STEM ein Durchstrahlungs- bzw. Strukturbild besonders hoher Auflösung (bis herab zu 0,2 nm).

Read-While-Write-Betrieb

Bei bestimmten Schreib-/Lesespeichern, die über ein Latch zur Zwischenspeicherung verfügen, kann man während des Auslesens auch gleichzeitig neue Informationen einschreiben. Diese Betriebsart bezeichnet man mit „Read-While-Write“, abgekürzt RWW. Ein solcher Speicher kann z. B. als A-Register bei arithmetischen Operationen dazu verwendet werden, um die Operation $A + B \rightarrow A$ in einem Speicher-Adresszyklus auszuführen: Die ursprünglich aus dem A-Speicherregister ausgelesene Information kann nämlich im Latch gespeichert, in das ALU übertragen, dort weiterverarbeitet und schließlich in das Speicherregister zurücktransportiert werden, ohne jemals die Registeradresse zu ändern.

Real-Time-Verarbeitung

Bei der Verarbeitung von Daten mit einer DVA unterscheidet man Echtzeitverarbeitung *(= real-time)* und Stapelverarbeitung *(batch processing)*. Bei letzterer wird meist eine größere Menge gleichartiger Bearbeitungsfälle gesammelt und in einem Schub abgewickelt. Bei der Echtzeitverarbeitung wird jeder Dateneingang unmittelbar nach seinem Auftreten bearbeitet. Dies muß in einer verhältnismäßig kurzen, von der Aufgabe (und nicht vom Rechner) bestimmten Zeit beendet sein. Real-Time-Systeme müssen so ausgelegt werden, daß selbst bei einer Häufung von Bearbeitungsfällen die garantierte Reaktionszeit nicht überschritten wird. Zusätzliche Forderungen, wie z. B. eine erhöhte Verfügbarkeit und Zuverlässigkeit, sind z. T. nur durch Mehrrechnersysteme erfüllbar. – Der Real-Time-Betrieb ist die übliche Einsatzart eines Prozeßrechners.

Referenzelement

Ein Referenzelement ist eine temperaturkompensierte Z-Diode. Zur Temperaturkompensation werden zur Z-Diode Siliziumdioden in Reihe geschaltet, die in Durchlaßrichtung betrieben werden. Z-Diode und Siliziumdioden haben annähernd den gleichen Betrag des Temperaturkoeffizienten bei entgegengesetztem Vorzeichen.

Dadurch wird die temperaturabhängige Änderung der Nennspannung $\Delta U_{\mathrm{N}}\ (\delta) = \Delta U_{\mathrm{Z}} + \Delta U_{\mathrm{F}}$ sehr gering. Der verbleibende Temperaturkoeffizient von $< 10^{-5}$ grd. wird nur dann erreicht, wenn das Referenzelement mit dem vorgeschriebenen Strom betrieben wird.

Repeater

Wörtlich übersetzt: Wiederholer – gemeint ist damit in der Nachrichtentechnik (Fernmeldetechnik, Richtfunkstrecken, optische Signalübertragung durch Glasfasern) bei Fernübertragungsstrecken eine Zwischenstation, die das durch den Übertragungsweg geschwächte Signal aufnimmt, verstärkt und mit erhöhtem Pegel auf den nächsten Streckenabschnitt weitergibt. Nicht immer ist der Repeater ein einfacher Leitungsverstärker; er kann auch ein Umsetzer sein, der das empfangene Signal auf eine andere Trägerfrequenz umsetzt, um die Rückwirkung vom Sender auf den Empfänger zu verringern. In der Glasfasertechnik kann der Repeater ein rein optischer Verstärker sein, der nach Prinzipien der LASER-Technik arbeitet.

Ripple-blanking

Man versteht darunter das Ausblenden bzw. Austasten der Nullen, die bei der mehrstelligen Ziffernanzeige links neben dem Zahlenwert erscheinen würden. Man kann dann den angezeigten Wert besser und mit größerer Sicherheit ablesen. Für diesen Zweck besitzen die meisten der heute auf dem Markt erhältlichen Umsetzer (z. B. BCD/Sieben-Segment-Decoder) eine zusätzliche Steuerleitung (siehe ELEKTRONIK 1970, H. 10, S. 342).

RMM

Read mostly memory – eine Kombination von ROM (Festwertspeicher, vgl. Karte Nr. 42) und RAM (Speicher mit wahlfreiem Zugriff, vgl. Karte Nr. 41). Man kann also beim RMM eine Information sowohl einmalig einprogrammieren bzw. einschreiben und dann in Zukunft nur noch herauslesen als auch Information einschreiben, (zerstörungsfrei) lesen und jederzeit löschen. Jedoch sind bei den derzeitigen Schaltungen nur etwa 100 Löschungen möglich. Erstmalig verwirklicht wurden RMM mit der sogenannten *Ovonics*-Speichertechnik (vgl. Karte Nr. 46), die amorphes Halbleitermaterial (Glas) als Speichermedium benutzt, und zwar in Verbindung mit konventionellen Dioden, die auf einem Silizium-Chip integriert sind und das Übersprechen von Speicherzelle zu Speicherzelle verhindern. Derartige Speicher behalten ihre Information auch bei Ausfall der Stromversorgung (vgl. ELEKTRONIK 1970, H. 12, S. 406).

Rolling page

Die „rolling page"-Einrichtung bei einem Datensichtgerät bewirkt, daß die erste eingeschriebene bzw. ausgegebene Zeile immer am unteren Bildschirmrand erscheint und dann bei nachfolgenden Zeilen nach oben wandert. Damit ergibt sich die gleiche Ausgabeart wie bei einer Schreibmaschine oder einem Drucker.

ROM

Read-only memory = festverdrahteter oder Festwertspeicher. Die wörtliche Übersetzung würde den eindeutigen Begriff „Nur-Lese-Speicher" ergeben. Es ist demnach ein Speicher, bei dem im Gegensatz zum Schreib/Lese-Speicher der gespeicherte Inhalt weder verändert noch gelöscht werden kann. Die einmalige Programmierung wird von der Herstellerfirma bei der Fertigung vorgenommen. Diese Speicher sind somit jeweils nur für eine Funktion (z. B. zum Potenzieren, Logarithmieren, zur Code-Umsetzung usw.) ausgelegt. Sie sind meistens auf Halbleiterbasis in MOS- oder auch TTL-Technik hergestellt. Ein „festverdrahteter" Kernspeicher kann aber auch ein Nur-Lese-Speicher sein. Neuerdings haben verschiedene Firmen sogenannte programmierbare Festwertspeicher (abgekürzt PROM) herausgebracht, d. h. bei diesen Halbleiter-Bauelementen kann der Anwender selbst die Programmierung vornehmen.

Rundschiebebetrieb

Man versteht darunter die zyklische Verschiebung der Information in einem ringförmig geschlossenen Schieberegister. Bei einem solchen Ringzähler kann man nicht nur 1 bit, sondern – abhängig von der Dauer der Informationseingabe in bezug auf den Takt – ein beliebiges Bit-Muster zyklisch umlaufen lassen. Für diese Aufgabe eignen sich nicht nur Schieberegister, die vom Ausgang auf den Eingang rückgekoppelt sind (Umlaufregister), sondern auch gewöhnliche Dual- oder Dekadenzähler.

S

Sample and hold

Bei Datenerfassungsanlagen, die mit Datenverarbeitungsanlagen zusammenarbeiten, ist es notwendig, daß die Daten von der Datenquelle zu gewissen Zeitpunkten abgetastet und anschließend kurzzeitig gespeichert werden. Für solche Aufgaben werden hauptsächlich Abtast- und Halteschaltungen (sample-and-hold-circuits) eingesetzt, die es in hybrider und monolithischer Technik gibt. Sie greifen aus einem analogen Signal zu einer beliebig vorgegebenen Zeit den Momentanwert heraus und halten ihn bis zu einem anderen vorgegebenen Zeitpunkt, das heißt so lange, bis er von der Datenverarbeitungsanlage übernommen wird. Die Abtastung des Analogsignals wird im allgemeinen periodisch durchgeführt (siehe auch ELEKTRONIK, H. 2/75, S. 85).

SATO

= *self-aligned thick oxid.* Diese Bezeichnung steht für einen MOS-Prozeß, der – wie das Silicon-Gate- und das Ionen-Implantationsverfahren – durch die selbstabgleichende *(self-aligned)* Gate-Struktur eine erhebliche Verringerung der Gate-Drain-Kapazität und damit kurze Schaltzeiten ermöglicht. Andererseits ist dieser Prozeß wesentlich einfacher zu beherrschen und in einigen Herstellungsschritten sogar mit dem herkömmlichen p-Kanal-MOS-Prozeß identisch. Darüber hinaus erlaubt er zwei bis drei Verbindungsebenen auf dem Chip, und man kann für die Gate-Elektrode und ihre Isolation zwischen einer Reihe von Materialien wählen. Außerdem ergeben sich mit dem SATO-Prozeß sehr flache Oberflächen.

Schaltnetz

Bei einem *Schaltnetz* (auch *kombinatorische Logikschaltung* genannt) ist der Zustand der Ausgangsgröße (*y*) zu einem beliebigen Zeitpunkt eindeutig bestimmt durch den Zustand der Eingangsgrößen (*a, b*) zum gleichen Zeitpunkt. Ein Schaltnetz enthält weder speichernde noch zeitbestimmende Elemente. Es handelt sich demzufolge um eine „statische Zuordnungsschaltung“. Als konkrete Beispiele könnte man ein Exklusiv-ODER-Glied oder eine Diodenmatrix anführen (vgl. ELEKTRONIK 9/1971, S. 319).

Schaltwerk

Ein *Schaltwerk* (auch *sequentielle Logikschaltung* genannt) enthält außer statischen Verknüpfungselementen (Gattern) auch Speicher und Zeitglieder, die durch Taktimpulse gesteuert werden. Der Zustand der Ausgangsgröße (*y*) im betrachteten Zustand hängt nicht nur vom Zustand der Eingangsgrößen (*a, b*), sondern auch vom Zustand des Speichers zum gleichen Zeitpunkt ab. – Man unterscheidet ferner zwischen asynchronen und synchronen Schaltwerken. Derartige „dynamische“ Schaltwerke sind wesentlich schwieriger zu berechnen und zu entwerfen als Schaltnetze (vgl. ELEKTRONIK 9/1971, S. 319).

Schmooplott

Das Wort Schmoo wurde abgeleitet von einer amerikanischen Comic-Figur. Man versteht darunter die grafische zwei- oder dreidimensionale Abbildung mit beliebigen Umrissen. Zweidimensional kann ein Schmooplott durch Variation zweier Größen, aufgetragen in X-und Y-Koordinaten, erfolgen. Der Ausdruck ist bei Qualitätsanalysen von elektronischen Speichern in Mode gekommen. Durch Variation von Spannung (z. B. Versorgungsspannung) und Zeit (z. B. Zugriffszeit) kann der Funktionsbereich des Speichers bei jeder Kombination der zwei Variablen aufgezeichnet werden. Es ergeben sich nichtreguläre Flächen (s. Teradyne-J384-Memory-Tester, ELEKTRONIK 1974, H. 11, SA ....)

Schwellwertlogik

Die Schwellwertlogik arbeitet wie die herkömmliche Schaltalgebra mit zweiwertigen Eingangs- und Ausgangssignalen. Allerdings wird im Gegensatz zu dieser im Schwellwert-Baustein selbst zwischenstufig eine differenzierte Wertigkeit der Signale dadurch erreicht, daß eine Bewertung und algebraische Summation der Eingangssignale sowie ein Vergleich mit einem festgelegten Schwellwert vorgenommen werden. Ein Schwellwert-Baustein liefert am Ausgang nur dann ein 1-Signal, wenn die Summe der bewerteten Eingangssignale einen vorgegebenen Schwellwert erreicht bzw. überschreitet (siehe auch ELEKTRONIK 1976, H. 1, S. 46...52).

SCCD

= Surface Charge Coupled Device = Ladungsverschiebeschaltung in MOS-Technik, bei der die Senken, die zur Aufnahme der Ladungen dienen, ausschließlich an der Oberfläche bzw. unmittelbar unter der Oberfläche des verwendeten Siliziumplättchens liegen (siehe ELEKTRONIK 1975, H. 4, S. 88...92).

SCL-Transistor

Der „space-charge-limited" transistor (SCL-Transistor) verhält sich elektrisch wie eine Röhrentriode, wobei die Basis ähnlich wie das Gitter als Steuerelektrode wirkt. Zur Herstellung dieses bipolaren „raumladungsbegrenzten" Transistors benötigt man einschließlich Kontaktierung nur drei Maskierungsschritte im Gegensatz zu fünf bei herkömmlichen bipolaren Transistoren. Während beim streifenförmig aufgebauten npn-SCL-Transistor Kollektor und Emitter identisch sind, verläuft beim pnp-Transistor der Kollektor außen um Basis und Emitter herum. Ein solcher SCL-Transistor zeichnet sich durch eine hohe Stromverstärkung ($\approx$70 000fach), hohe Grenzfrequenz ($\approx$900 MHz) und sehr niedrige Verlustleistung aus; so lag bei einem Flipflop mit U_b=0,37 V die Ruheverlustleistung bei 35 nW (vgl. ELEKTRONIK 1974, H. 2, S. 38).

scratching

Dieser Ausdruck kommt aus der Magnetband-Technik. Durch das gegenseitige Reiben eines Magnetbandes beim Auf- und Abwickeln entstehen mikrofeine Teilchen, die sich fest in das Magnetband eindrücken und Kratzer bzw. Schäden verursachen. Dies macht sich in sogenannten Dropouts oder Ausfällen bemerkbar. Sind Aufzeichnungsseite und Rückseite des Magnetbandes dagegen abriebfest, kann auch kein „scratching" entstehen.

scratch pad memory

Man versteht darunter einen Schreib/Lese-Speicher *(random-access memory,* abgekürzt RAM; siehe Lexikon-Karte Nr. 41 in Heft 11/1970), der als Zwischenspeicher mit relativ kleiner Kapazität gedacht ist und dabei aber eine sehr kurze Zugriffszeit haben muß. Die Bezeichnung „scratch pad" gibt hier also die Anwendung und nicht die Eigenschaft wieder. Derartige Speicher werden ausschließlich in bipolarer Technik hergestellt.

SCS

Silicon Controlled Switch = Thyristor-Tetrode mit anoden- *und* katodenseitiger Steuerelektrode, d. h. die Thyristor-Tetrode kann sowohl anodenseitig als auch katodenseitig gezündet *und* gelöscht werden. Es handelt sich um ein Bauelement mit vier Schichten, die alle von außen zugänglich sind. Dadurch ergeben sich viele Schaltungsmöglichkeiten, wie zum Beispiel als Thyristor *(silicon controlled rectifier, SCR)* oder als programmierbarer Unijunction-Transistor (PUT) sowie als gewöhnliche Vierschichtdiode, die durch Überschreiten der Schaltspannung U_S gezündet und Unterschreiten des Haltestromes I_H gelöscht werden kann (vgl. ELEKTRONIK 1970, H. 5, S. 157).

Sektor-Steuerung

In der Energie-Elektronik senkt man bei bestimmten Steuer- und Regelschaltungen den Effektivwert des speisenden Wechselstromes durch eine sogenannte *Phasenanschnittschaltung* herab, deren Wirkung darauf beruht, daß der Stromfluß nicht gleich beim Beginn einer Halbwelle (nach deren Nulldurchgang) einsetzt, sondern erst später. Durch Phasenanschnitt bleibt also der erste Teil der Halbwelle stromfrei, der Strom fließt erst im zweiten Teil der Halbwelle, wodurch eine ähnliche Wirkung entsteht wie beim nacheilenden Strom induktiver Lasten, das Netz wird also in unerwünschter Weise mit Blindstrom belastet. Schneidet man aber auch den zweiten Teil der Halbwelle an (durch eine Zwangskommutierungsschaltung), so lassen sich vorderer und hinterer Phasenanschnitt in bezug auf den Halbwellenscheitel symmetrieren. Nur in dem dazwischenliegenden *Sektor* fließt Strom, der nun ein reiner Wirkstrom ist, da er gegenüber der Spannung weder vor- noch nacheilt.

SELSPOT

Diese schwedische Firmenbezeichnung steht für Selective Spot Recognition und wird für ein System zur optoelektronischen Bewegungsmessung verwendet. Am bewegten Objekt wird eine gepulste Leuchtdiode angebracht, diese erzeugt über eine Kameraoptik einen Leuchtfleck auf einer quadratischen Schottky-Fotodiodenfläche, die von vier Metallelektroden eingefaßt ist. Der Fotostrom fließt zu den Elektroden in vier Teilströmen ab, aus deren Stärke die X- und Y-Koordinaten des Leuchtflecks abgeleitet und analog oder digital ausgegeben werden können (siehe auch ELEKTRONIK 1975, H. 3, S. 71).

SEM-Technik

Die stochastisch-ergodische Meßtechnik (SEM-Technik) geht von der mathematisch beweisbaren Voraussetzung aus, daß man die Zustandswahrscheinlichkeiten in einer binären Zufallsfolge als physikalische Größe auffassen kann. Somit läßt sich diese Größe, z. B. in Form einer Meßgröße, durch Zählen der „Einser" in einer Binärfolge messen. Dazu kommt noch als weitere Voraussetzung aus der Informationstheorie, daß nur der zufällige Anteil von Signalen echte Information enthält. Daraus folgt, daß man alle technischen Vorgänge mit zufälligem Charakter durch stochastische Signale beschreiben und somit mit der SEM-Technik meßtechnisch erfassen kann, die auf der anderen Seite aber auch auf deterministische (vorbestimmbare) Signale (z. B. Sinussignal) anwendbar ist. Durch diese Eigenschaften ergeben sich gegenüber anderen Meßmethoden zahlreiche Vorteile (vgl. ELEKTRONIK 1973, H. 9, S. 307...310).

Sensistor

Es handelt sich hier um eine amerikanische Firmenbezeichnung für Silizium-PTC-Widerstände. Wie man sieht, setzt sich dieses Wort aus „Sensor" (Fühler) und der Endung „istor", die allgemein für Halbleiter-Bauelemente verwendet wird, zusammen. Sensistoren auf Silizium-Basis besitzen gegenüber gewöhnlichen Kalt- und Heißleitern keinerlei Hysterese und nur eine geringe Alterung. Außerdem verläuft die Kennlinie im normalen praktischen Arbeitstemperaturbereich weitgehend linear.

settling time

Das ist die Zeit, die vergeht, bis ein Operationsverstärker nach einem Spannungssprung am Eingang (Vollaussteuerung) zum Beispiel 99,9 % des Wertes der vollen Ausgangsamplitude erreicht hat, wobei der Einschwingvorgang bzw. das Überschwingen abgeklungen sein muß. Man kann auch sagen, zu diesem Zeitpunkt darf die Ausgangsspannung in dem gewählten Beispiel nur um 0,1 % von der idealen bzw. der vom Hersteller angegebenen Ausgangsamplitude abweichen. Deswegen findet man in den Datenblättern oft folgende Angabe: 0,1 % (oder auch 0,01 %, je nach der verlangten Genauigkeit) in . . . µs. Ein deutscher Ausdruck für *settling time* wäre z. B. Einschwingzeit. Sie ist besonders wichtig bei A/D- bzw. D/A-Umsetzungen; denn sie beeinflußt die Umsetzzeit wesentlich.

SGOS

Abkürzung für *silicon gate oxyde semiconductor.* So bezeichnet wird eine Abart der MOS-Technik, bei der sozusagen das „M" wegfällt, d. h. die ansteuernde Gate-Elektrode besteht nicht mehr aus aufgedampftem Metall, sondern aus Silizium, was natürlich den Herstellungsprozeß sehr vereinfacht. Dabei ergeben sich erhebliche geometrische wie auch elektrische Vorteile, wie kleinere und freizügiger untereinander verdrahtbare Strukturen, kleinere Schwellenspannung, engere Toleranz, niedrigere Kapazitäten und damit höhere Grenzfrequenzen.

SID

= eine von der amerikanischen Firma RCA eingeführte Abkürzung für „Silicon Imaging Device". Es handelt sich um zweidimensionale optoelektronische Sensoren nach dem CCD-Prinzip (CCD = Charge Coupled Devices = ladungsgekoppelte Elemente), die anstelle der herkömmlichen Kameraröhren (z. B. Vidikon) in Fernsehkameras verwendet werden können.

Siloregister

Damit bezeichnet man ein Daten speicherndes Schieberegister, bei dem das zuerst gespeicherte Bit auch zuerst ausgegeben wird. Im amerikanischen spricht man hier von first-in/first-out- oder FIFO-Betrieb. Andere deutsche Bezeichnungen sind Füllregister, Schiebespeicher, Chronologiespeicher. Bei einem Stack- oder Stapelregister (siehe Lexikon-Karte Nr. 184) wird dagegen das zuletzt gespeicherte Bit zuerst ausgegeben (last-in/first-out- oder LIFO-Betrieb, siehe Lexikon-Karte Nr. 188). Das Siloregister besteht aus einer Kette von Schieberegistern, die jeweils im Parallelbetrieb arbeiten und deren Parallelausgänge jeweils mit den Paralleleingängen der nachfolgenden Register verbunden sind. Die Beeinflussung erfolgt durch drei verschiedene Schiebetakte, den Einleseimpuls, den Ausleseimpuls und den eigentlichen Schiebetakt (vg. ELEKTRONIK 1974, H. 3, S. 79).

Simulation/Emulation

Allgemein bezeichnet man mit *Simulation* Nachbilden eines Systems auf einer Datenverarbeitungsanlage. Das nachzubildende System kann dabei auch die Struktur einer anderen Datenverarbeitungsanlage sein. In der Praxis bedeutet dies, daß ein in Maschinensprache der Anlage A geschriebenes Programm unter Verwendung eines Simulationsprogramms auf einer Anlage B (anderer Typ) abläuft. Dies geschieht, indem Befehl für Befehl des fremden Programms so nachgebildet wird, als würde er auf der Originalanlage ablaufen. Häufig sind Simulationsprogramme Bestandteil des Betriebssystems und dienen dann zur Erreichung einer Kompatibilität. Eine Kompatibilität kann hardwaremäßig auch durch *Emulation* (vgl. Lexikon-Karte Nr. 65) erreicht werden.

SK-BK-DK-Decoder

Es handelt sich hierbei um einen Verkehrsfunk-Decoder zum Einbau in Autoempfänger, um festzustellen, welcher Sender-Verkehrsfunkmeldungen durchgibt. Dieser Decoder kann die Sendererkennung (SK) als allgemeine Information auswerten oder die voreingestellte Bereichskennung (BK), die jedem Senderbereich der BRD in Form eines Buchstabens zugeordnet ist. Zusätzlich läßt er sich auf Durchsagekennung (DK) schalten; dann wird das Nf-Signal nur während einer Verkehrsdurchsage auf den Lautsprecher geschaltet. Die einfacheren Verkehrsfunk-Decoder sind nur für Sendererkennung ausgerüstet; hierbei leuchtet beim Senderdurchlauf, der auch automatisch erfolgen kann, ein Lämpchen auf, wenn man auf einen Sender mit Verkehrsmeldungen gestoßen ist (siehe FUNKSCHAU, H. 14/1974, S. 535...538).

slew rate

Unter *slew rate* oder auch *slewing rate* bezeichnet man die zeitliche Änderung der Ausgangsspannung eines Operationsverstärkers, wenn sein Eingang mit einem Spannungssprung oder einer periodischen Rechteckspannung angesteuert wurde. Es handelt sich demnach um die maximale Anstiegsgeschwindigkeit der Ausgangsspannung. Sie wird meist in V/µs angegeben. Zur Zeit sind Operationsverstärker mit Ausgangsspannungs-Anstiegsgeschwindigkeiten bis zu 1000 V/µs erhältlich.

Slip line

= die Synchronisierleitung zwischen zwei Zählern m_1 und m_2, die den periodischen Meßzyklus definiert. Im Prinzip handelt es sich dabei um eine Rücksetzleitung, über die der Zähler m_2 zurückgesetzt wird (unabhängig von dessen Zustand), wenn der Zähler m_1 voll ist. Andererseits kann sich der Zähler m_2 über eine „slip line“ selbst zurücksetzen, wenn er voll ist.

SNC

Abart der numerischen Werkzeugmaschinensteuerung (NC), die mit einem eingebauten Programmspeicher arbeitet. Daher Speicher-NC, abgekürzt SNC (gilt auch im angloamerikanischen Sprachraum für *Stored program* NC). Der Speicher, meist ein Magnetkernspeicher, übernimmt die normalerweise auf einem Lochstreifen gespeicherte Programm-Information, wonach die Maschine ohne den Lochstreifen arbeiten kann, was die Betriebssicherheit steigert. Als Faustformel gilt, daß ein Speicher von 32 KByte Kapazität einen Lochstreifen von 80 m Länge ersetzt.

SOS

Von der amerikanischen Halbleiter-Industrie eingeführte Abkürzung für *silicon on sapphire,* womit monolithisch integrierte Silizium-Schaltungen gemeint sind, die auf ein Substrat aus Saphir aufgetragen sind. Ein solches Substrat ergibt eine sehr gute Isolation zwischen den einzelnen Elementen der Silizium-Schaltung, wie auch sehr geringe Kapazitäten der Elemente untereinander und gegen Masse. Dadurch sinken die Anstiegs- und Abfallzeiten der Schaltung bzw. es steigt die maximal zulässige Taktfrequenz bei digitalen Anwendungen. Angewandt wird die SOS-Technik zunächst in Verbindung mit der MOS-Technik oder mit der komplementären Variante derselben, COS/MOS genannt.

Split-beam-Röhre

Das Hauptmerkmal einer *split beam-* oder *Spaltstrahlröhre* ergibt sich bereits aus der Bezeichnung: Sie besitzt nur eine Katode, und der erzeugte Elektronenstrahl wird in zwei Hälften geteilt, so daß zwei Elektronenstrahlen entstehen, die sich gemeinsam in X-Richtung ablenken lassen. Für die Y-Ablenkung dagegen können zwei voneinander unabhängige Ablenkplattenpaare verwendet werden. Diese Eigenschaften machen diese Röhre besonders interessant für „echte" Zweistrahl-Oszillografen, und zwar unter Umgehung der normalerweise bei Zweistrahlröhren vorhandenen Nachteile (z. B. geringe Nachbeschleunigung, deshalb bei schnellen Vorgängen dunkle Aufzeichnung). Auch gegenüber der Einstrahllösung mit elektronischer Umschaltung auf die beiden Signale bietet die Spaltstrahlröhre erhebliche Vorteile.

Sprungantwort

Das Verhalten eines Übertragungsgliedes (Verstärker, Regelstrecke, Regeleinrichtung) kann man außer durch das Bode-Diagramm auch mit Hilfe der Sprungantwort grafisch darstellen. Dazu ändert man die Eingangsgröße des Übertragungsgliedes sprunghaft um einen bestimmten Wert und zeichnet den sich dabei ergebenden Verlauf der Ausgangsgröße in Abhängigkeit von der Zeit auf. Eine Sprungantwort stellt also die „Antwort" der Ausgangsgröße eines Übertragungsgliedes auf eine sprunghafte Änderung des Wertes der Eingangsgröße dar. Bezieht man die Änderung der Ausgangsgröße durch Quotientenbildung auf die Sprunghöhe der Eingangsgröße, so erhält man die *bezogene Sprungantwort*, die auch *Übergangsfunktion* genannt wird. Ändert man die Eingangsgröße um eine Einheit, so ist die Sprungantwort zugleich auch die Übergangsfunktion. – Der sprunghafte Verlauf der Eingangsgröße heißt *Sprungfunktion*.

SQUID

= Abkürzung für *„superconducting quantum interference device"*. Man versteht darunter ein hochempfindliches Magnetfeldmeßgerät auf der Basis der Supraleitung. Versetzt man sehr kleine Quanten-Supraströme im µA-Bereich, wie sie an Punktkontakten oder Brücken zwischen zwei Supraleitern vorkommen, z. B. durch Wechselfeldüberlagerungen in Schwingungen, sogenannte *Josephson-Schwingungen,* so hängen Amplitude und Spektrum der Oszillation vom angelegten und zu messenden Magnetfeld ab. Umgekehrt lassen sich damit aber auch sehr kleine Spannungen (bis herab zu etwa 10^{-15} V), Widerstände und Induktivitäten messen. Man kann dabei Empfindlichkeiten erreichen, die dem Nyquist-Rauschpegel, der bekanntlich nicht zu unterschreiten ist, sehr nahe kommen.

SSI

Single scale integration = Integration kleineren Maßstabs. SSI-Schaltungen sind einfache monolithisch integrierte Schaltungen, wie man sie beispielsweise in Form von Operationsverstärkern, einfachen TTL-, ECL- und MOS Gatterschaltungen, Flipflops usw. vorliegen hat. Im allgemeinen enthalten SSI-Schaltungen bis etwa 10 Gatterfunktionen auf einem Chip (vgl. hierzu auch MSI = *medium scale integration* und LSI = *large scale integration,* Lexikon-Karten Nr. 21 und 22).

Stack-Register

Ein sog. *„Stack"* (= Stapel, Stoß, Magazin) besteht aus einer Anzahl von Registern zur vorübergehenden Speicherung von Daten und Rücksprungadressen für Unterroutinen und Unterbrechungsprogramme. Dabei ist nur *ein Register* von außen zugänglich, über das alle Daten in das Stack eingelesen werden. Immer, wenn ein neues Datenwort geladen wird, werden alle Daten, die sich schon im Stack befinden, um eine Position weitergeschoben. Der nun freiwerdende Platz wird vom neuen Datenwort eingenommen. Beim Auslesen werden alle Daten im Stack um eine Position zurückgeschoben, so daß die zuletzt eingelesenen zuerst „herauskommen". Dieser Vorgang ist besonders wichtig beim Verwalten von Warteschlangen bei Echtzeitanwendungen (siehe auch ELEKTRONIK 1973, H. 10, S. 348).

STAPRO

(Saison-Trend-Analyse- und Prognose-System) ist ein von der Siemens AG entwickeltes Datenverarbeitungsverfahren, mit dessen Hilfe man kurz- oder mittelfristige Prognosemodelle und Zeitreihenanalysen erstellen kann. Es besteht aus einem Programmsystem, das in FORTRAN geschrieben ist und mehrere aufeinander abgestimmte Einzelprogramme enthält. Für das Gebiet der Operations Research, zu dem auch die Unternehmensforschung gehört, ist STAPRO ein wertvolles Hilfsmittel.

State-Diagramm

State-Diagramm ist eine andere Bezeichnung für *Zustandsdiagramm;* es ähnelt vom Aufbau her einem Flußdiagramm. Mit einem State-Diagramm ist es möglich, sequentielle Schaltwerke grafisch zu entwerfen und zu berechnen. Gleichzeitig kann man damit schaltalgebraische Ausdrücke minimieren. Das State-Diagramm läßt sich ohne Berücksichtigung der Gerätekonzeption sowie ohne Kenntnisse der verwendeten Bauelemente erstellen (vgl. ELEKTRONIK 1973, H. 2. S. 47...52 und H. 3, S. 101...104).

STTL

= Abkürzung für Schottky-TTL. Schottky-TTL-Schaltungen zeichnen sich durch besonders kurze Durchlaufverzögerungszeiten aus. Der Grund: Bei den hier verwendeten Schottky-Transistoren entfällt die beim Umschalten gewöhnlicher Transistoren auftretende Speicherzeit. Dies wird dadurch erreicht, daß die durch den Basisstrom entstehende überschüssige Basisladung nicht mehr im Transistor gespeichert wird (und Schaltverzögerungen hervorruft), sondern über eine parallel zur Basis-Kollektor-Strecke geschaltete Diode (Anode an Basis, Katode an Kollektor) zum Kollektor abgeleitet wird. Natürlich muß es sich hierbei um eine Diode mit besonders niedriger Durchlaßspannung handeln, also keine übliche Silizium-Diode mit $U_F \approx 0{,}7$ V. Deshalb verwendet man hierzu sog. Schottky-Barrier-Dioden mit $U_F \approx 0{,}3$ V.

Superzeichen

Die Informationstheorie unterscheidet zwischen elementaren oder standardisierten Zeichen und Superzeichen; letztere sind aus ersteren zusammengesetzt. So besteht z. B. ein gerastertes, gedrucktes Bild aus schwarzen Punkten – den Elementarzeichen. Der Inhalt eines solchen Bildes, z. B. ein Haus, ein Baum, wird aber vom betrachtenden

Menschen nicht als eine Ansammlung schwarzer Punkte gesehen und aufgefaßt, sondern als Haus, als Baum – eben als Superzeichen.

T

TACAN

Abkürzung von *Tactical Air Navigation System*. Ein im 1-GHz-Bereich arbeitendes Mittelstrecken-Funknavigationssystem (Reichweite bis etwa 350 km) für die Militärluftfahrt, das eine Azimutanzeige nach einem ähnlichen Prinzip wie VOR und DVOR (siehe Lexikon-Karte Nr. 64), zugleich aber auch eine Entfernungsanzeige liefert. Für die Entfernungsmessung zwischen Flugzeug und Bodenstation sendet das Bordgerät Hf-Impulse aus, die von der Bodenanlage empfangen und wieder zum Bordgerät zurückgefunkt werden. Aus der Laufzeit der Impulse ergibt sich die Entfernung Flugzeug–Bodenstation. Die kombinierte Azimut- und Entfernungsanzeige ermöglicht fortlaufend eine genaue Bestimmung des jeweiligen Flugzeugstandortes (sogenannte Rho-Theta-Navigation; Rho = Entfernung, Theta = Azimut).

Tagword

Man versteht darunter eine Identifizierungszahl, mit der man bei der (Computer)-Analyse von Meßwerten die zu einer bestimmten Meßreihe dazugehörige Meßprobe kennzeichnet. So sehen z. B. innerhalb der Gammaspektrometrie die Vielkanalanalysatoren die Möglichkeit vor, die Spektren mit einer manuell einstellbaren Zahl, genannt Tagword, zu kennzeichnen. Bei der Übertragung des Spektrums wird beim Auslesen der Kanalinhalte aus dem Speicher dem Spektrum das Tagword zur Meßproben-Identifikation vorangestellt (siehe auch IBM Nachrichten, H. 225/1975, S. 86).

Target

Das Target ist in Kameraröhren eine „Auffangelektrode", die Träger der Bildinformation (Photonen) in negative oder positive elektrische Ladungen umwandelt. Sie hat außerdem die Aufgabe, die zweidimensionalen und zeitlich kontinuierlich fließenden Eingangsinformationen zu speichern, damit die gesamte Bildinformation, die während eines Abtastintervalls eintrifft, als zeitlich integriertes Bildsignal wiedergegeben werden kann. Als Wandlerschicht hat sich in den letzten Jahren insbesondere das Si-Multidioden-Target durchgesetzt. Bei diesem wird die flächenhafte Speicherwirkung durch eine dichte Matrix von pn-Übergängen erzielt, die in Sperrichtung vorgespannt sind und durch Ladungsträger entladen werden. Zum Abfragen der Information wird ein Elektronenstrahl verwendet.

Termi-point

ist ein Verbindeverfahren, bei dem der Draht durch eine Federhülse mit dem rechteckigen Pfosten des Anschlußelements verbunden wird. Der geschützte Name (von der Firma AMP) wird von „*termination from point to point*" hergeleitet und weist darauf hin, daß diese Technik besonders für Punkt-zu-Punkt-Verdrahtungen in flächigen Feldern geeignet ist. Besonderer Vorteil: Der Draht kann von der Rolle verarbeitet werden; Abisolieren und Aufdrücken der Klemmhülse erfolgen in einem Arbeitszyklus mit dem Termi-point-Werkzeug.

Teil-Programmierung

Dieser Begriff bezieht sich auf die Programmierung von Festwertspeichern (ROM, siehe Lexikon-Karte Nr. 42, H. 11/70). Hat zum Beispiel ein solcher eine Kapazität von 1024 bit, von denen nur 800 programmiert werden, so spricht man von einer Teil-Programmierung. Sie wird also bei Festwertspeichern angewandt, die für die geforderte Aufgabe *zu groß* sind. Die Anwendung eines zu großen *serienmäßigen* Speichers mit Teil-Programmierung ist naturgemäß meist wirtschaftlicher als die Sonderanfertigung eines Speichers mit genau passender bit-Kapazität.

torque-motor, torquer

Bei dieser Art von Motoren handelt es sich um sogenannte *Drehmomentmotoren,* deren Merkmal ein linearer Verlauf der Drehmoment-Strom-Kennlinie ist, d. h. der aufgenommene Strom ist dem abgegebenen Drehmoment direkt proportional. Sie werden in der Servotechnik als direktes Stellglied (ohne Zwischenschaltung eines Getriebes) für Positionsregelungen (Betrieb aus dem „Stillstand" heraus) oder Drehzahlregelungen (bei kleinen Drehzahlen) verwendet. In den meisten Fällen sind es Gleichstrommotoren in Flachbauweise *(pancake design),* bei denen die Lagerung des Rotors und Stators vom Anwender vorgenommen wird.

track/store-Einheit

Die *track/store-* oder kurz T/S-Einheit stellt eine digital gesteuerte Anordnung dar, die zum Speichern eines Aanalogwertes dient. Weist z. B. das digitale Steuersignal den Pegel logisch „O" auf, dann folgt *(track)* die T/S-Einheit dem Analogsignal. Sie verhält sich dabei wie ein Summierer. Springt jedoch das Steuersignal auf logisch „L", dann speichert *(store)* die T/S-Einheit den Wert, den das Analogsignal im Augenblick des Überganges von „O" auf „L" hatte. Geht das Steuersignal wieder auf logisch „O", dann läuft die T/S-Einheit dem Analogsignal wieder nach. Eine T/S-Einheit ist dem Integrator sowohl funktionell als auch vom Aufbau her sehr ähnlich, d. h. ein Integrator kann als T/S-Einheit geschaltet werden (vgl. auch ELEKTRONIK 1971, H. 9, S. 298).,

Transdiode

Eine *Transdiode* ist ein als Diode geschalteter Transistor. Man verwendet dieses Element hauptsächlich in Logarithmierschaltungen. Dabei liegt ein Transistor im Gegenkopplungspfad eines Verstärkers bzw. eines Operationsverstärkers, wobei seine Kollektor-Basis-Strecke über den Verstärker kurzgeschlossen ist, so daß ein virtueller Kurzschluß entsteht. Der Transistor arbeitet somit als Diode bzw. als Transdiode.

TSL

Tri-State-Logik, abgekürzt TSL, ist die Bezeichnung für eine bestimmte Schaltungstechnik bei TTL-Bausteinen der Digitaltechnik, die das Zusammenschalten bzw. Parallelschalten mehrerer Bausteine erheblich vereinfacht. Normalerweise sind die Ausgänge von TTL-Schaltungen bei beiden Logikzuständen niederohmig. Um sie an einen gemeinsamen Verteiler anschließen zu können, sind deshalb Trennverstärker erforderlich. Um dies zu umgehen, besitzen Tri-State-Schaltungen einen dritten Status, der hochohmig und neutral ist. Das heißt alle Ausgänge, die nicht gerade durchgeschaltet sind, befinden sich in einem solchen hochohmigen Status und sind damit entkoppelt. Dieser Status hat nichts mit den üblichen zwei Logikzuständen zu tun.

TTTL oder T^3L

Man versteht darunter eine weiterentwickelte Abart der TTL-Technik (Transistor-Transistor-Logik), also einer der gängigsten Arten von digitalen Logik-Schaltungen in integrierter Halbleitertechnik. Die Weiterentwicklung bezweckt erhöhte Störsicherheit und wurde durch Erhöhung der Umschaltschwelle erreicht. Bei TTL-Schaltungen liegt bei 3,5 V Betriebsspannung die Umschaltschwelle bei 1,4 V. Störspannungen über 1 V, das sind nur 28 % des Schalthubes, sind dann schon gefährlich. Bei der T^3L-Technik wurde die Umschaltschwelle um eine Dioden-Durchlaßspannung erhöht, sie liegt also bei 2,1 V, die maximal zulässige Störspannung beträgt dann 1,7 V, das sind etwa 40 % des Schalthubes. Vgl. ELEKTRONIK 1974, H. 6, S. 235... 237 und 246.

U

U-Dioden

U-Dioden dienen zum Überspannungsschutz von Halbleitern und auch von Kontakten beim Schalten von Induktivitäten. Sie sind aus Selenplatten aufgebaut und weisen die übliche Sperrkennlinie eines Gleichrichters auf. Die auftretende Überspannung verschiebt den Arbeitspunkt aus dem flachen Nennspannungsbereich in den steilen Ansprechbereich. Dabei steigt der Strom durch die U-Diode auf das 1000- bis 4000fache an, während sich ihre Klemmenspannung nur etwa verdoppelt bis verdreifacht. Gleichzeitig wird Wärme frei, die durch Kühlung abgeführt werden muß.

V

V-Abtastung

Ordnet man bei der Abtastung binär cordierter Maßstäbe, die in gestreckter (linearer) oder kreisförmiger Anordnung (Winkelcodierer) vorliegen können, die Abtastelemente geradlinig senkrecht zur Bewegungsrichtung an, so müßten die abgelesenen Signale oft in mehreren Abtastspuren *gleichzeitig* springen (von 0 auf 1 oder von 1 auf 0). Da sie das wegen der unvermeidlichen mechanischen Toleranzen in der Praxis nicht tun, ordnet man die Abtastelemente in zwei schräg zur Bewegungsrichtung liegenden Linien V-förmig an und erreicht durch die Einschaltung spezieller Logikschaltungen eine fehlerfreie Abtastung.

Vergleicherschaltung

= der Teil eines elektronischen Reglers, in dem durch Vergleich der Regelgröße mit der Führungsgröße die Regelabweichung gebildet wird. Regelgröße und Führungsgröße werden dazu in elektrische Spannungen entsprechender Höhe umgeformt, die man einander entgegenschaltet. Die Differenz zwischen beiden Spannungen stellt dann die Regelabweichung dar, aus der im Regler über Verstärker und Zeitglieder die Stellgröße gewonnen wird. Meist stehen für einen Regler mehrere verschiedenartige Vergleicherschaltungen zur Verfügung, die sich untereinander austauschen lassen. Damit kann ein und derselbe Regler leicht den verschiedenartigsten Aufgabenstellungen angepaßt werden (z. B. Festwertregelung, Verhältnisregelung, Nachlaufregelung usw.).

VHRR

Diese Abkürzung steht für „Very High Resolution Radiometer". Man bezeichnet damit ein Verfahren, mit dem man von Satelliten (z. B. Wettersatelliten) aus Bilder von der Erde mit hoher Auflösung aufnehmen kann. Früher verwendete man dazu Vidikon-Kameras. Der VHRR-Bildaufnahmeprozeß dagegen besteht darin, daß zwei als Radiometer ausgebildete Sensoren für den sichtbaren und infraroten Spektralbereich, die jeweils mit einer scharfbündelnden Optik versehen sind, sich um eine in der Flugrichtung des Satelliten liegende Achse drehen. Dabei überstreichen sie pro Umdrehung einmal die Erde; die so gewonnene Bildinformation entspricht einer Bildzeile. Die Infrarotaufnahme gibt ein Abbild der Wärmestrahlung von Erde und Wolken. Die Auflösung beträgt etwa 0,9 km.

Virtueller Speicher, virtuelle Adressierung

Der Arbeitsspeicher einer EDV-Anlage muß sehr groß sein, wenn er mehrere Programme aufnehmen soll. Um mit kleineren Speichern auszukommen, verlegt man mit Hilfe *virtueller Adressen* alle nicht unmittelbar im Arbeitsspeicher benötigten Programme in einen schnellen Direktzugriffspeicher, z. B. in einen Trommelspeicher. Jede dort „abgelegte" Information kann jederzeit in den Arbeitsspeicher geholt werden und dort einen gerade freien Platz belegen, wodurch der Arbeitsspeicher optimal ausgenutzt wird. Ein solches System verhält sich für den Benutzer wie ein *virtueller Speicher,* dessen Kapazität sehr viel größer ist als die des realen Arbeitsspeichers.

VLSI

Very large scale integration = Integration sehr hohen Grades bei monolithischen Halbleiterschaltungen. Man könnte auch Super-LSI (siehe Lexikon-Karte Nr. 22 in Heft 6/1970) sagen. Eine andere, ebenfalls schon in der amerikanischen Literatur erwähnte Bezeichnung ist ELSI = *extra large scale integration*. Man rechnet hierbei etwa mit 1000...6000 Transistoren pro Chip.
Aufgrund der hohen Komplexität sind derartige Schaltungen zumeist kundenorientiert, d. h. für die vom Kunden angegebene Anwendung „maßgeschneidert".

Vocoder

Kurzbezeichnung für *voice coder*, d. h. Anordnung zur Sprachcodierung. Das Vocoder-Prinzip wurde 1939 von dem amerikanischen Ingenieur *H. Dudley* erfunden und wird heute beispielsweise zur Umsetzung der digitalen Ausgangssignale von Datenverarbeitungsanlagen in synthetische menschliche Sprache verwendet (vgl. ELEKTRONIK 1973, H. 8, S. 289...292). Grundsätzlich kann der Vocoder nur Wörter sprechen, die definierte Bestandteile seines gespeicherten Vokabulars sind. Über besondere Programme werden diese in der gewünschten Reihenfolge abgerufen. Die stimmhaften Laute werden durch Tonhöhen-Pulsgeneratoren synthetisiert, die stimmlosen durch Rauschgeneratoren.

VORDAC

Abkürzung von engl. *VHF Omnidirectional Range/Distance Measuring Equipment for Area Coverage* = Präzisions-Funknavigationssystem, das insbesondere Düsenflugzeugen im oberen Luftraum durch zusätzliche Verwendung eines Bordrechners eine von Luftstraßen unabhängige „Flächennavigation" ermöglichen soll. Es stellt eine Kombination aus dem VOR-System und einer Entfernungsmeßeinrichtung dar. Letztere entspricht dem Entfernungsmeßteil des TACAN-Systems. Durch Verwendung des DVOR-Systems anstatt des herkömmlichen VOR erreicht man auf zwei Wegen eine höhere Genauigkeit der Richtungsbestimmung: 1. durch die ohnehin wesentlich präzisere DVOR-Bodenstation und 2. durch Ableitung einer höheren Harmonischen aus dem umlaufenden FM-Richtdiagramm von DVOR durch ein Zusatzgerät zum herkömmlichen VOR-Bordempfänger.

VORTAC

VORTAC ist die Bezeichnung für ein Funknavigationssystem, das eine Kombination aus einer VOR-Anlage (siehe Stichwort „DVOR") mit dem Entfernungsmeßteil des TACAN-Systems (siehe Lexikon-Karte Nr. 112) darstellt. Während das TACAN-System ausschließlich der Militärluftfahrt dient, ist das VORTAC-System der zivilen Luftfahrt vorbehalten. Eine Kombination aus dem DVOR-System und TACAN führt zu einer DVORTAC-Anlage. Während eine einzelne VOR- oder DVOR-Anlage nur eine Richtungsbestimmung zuläßt, ermöglichen VORTAC und DVORTAC wegen des zusätzlichen Entfernungsmeßteils eine Bestimmung des jeweiligen Flugzeugstandortes.

VVC

= *voltage-variable capacitance* = spannungsgesteuerte Kapazität. Das hierzu am besten geeignete Bauelement ist die Kapazitäts-Diode, auch Varicap oder Varaktor genannt.

W

Warteschlangen

Werden in der EDV-Technik an eine Funktionseinheit, die eine bestimmte Leistung zu erbringen hat, mehr Anforderungen gestellt, als sich auf einmal erfüllen lassen, so müssen die nicht sofort ausführbaren Anforderungen auf ihre Bearbeitung warten. Es bildet sich dann eine Warteschlange, die nach verschiedenen Regeln abgearbeitet werden kann. Häufig angewendete Möglichkeiten sind: Abarbeitung in der Reihenfolge des Auftretens der Anforderung *(first in – first out)* oder Abarbeitung nach Priorität, d. h. den Anforderungen werden Prioritäten zugeteilt. Beim Start einer Bearbeitung wird dann von allen anstehenden Anforderungen die mit der höchsten Priorität ausgewählt.

WCS

Unter einem „Writeable Control Store", abgekürzt WCS, versteht man einen programmierbaren Steuerspeicher, der bei Minicomputern u. a. die Mikroprogrammierung erheblich vereinfacht. In diesem Steuerspeicher, der ein Schreib-/Lesespeicher sein muß, wird ein zu erstellendes Mikroprogramm, das später als sog. Mikroroutine dauernd zur Verfügung stehen soll, ausgetestet. Wenn schließlich das Mikroprogramm in Ordnung ist, wird es aus dem Steuerspeicher ausgelesen, um es dann z. B. mit Hilfe eines Programmiergerätes in einen programmierbaren Festwertspeicher einzulesen, in dem es für immer gespeichert bleibt. Bei Vorhandensein eines WCS-Speichers läßt sich diese Art der Mikroprogramm-Erstellung ohne Schwierigkeiten vom Anwender selbst durchführen.

wired-OR

Unter einer *wired-Or*-Verbindung versteht man ganz allgemein die Parallelschaltung von mehr oder weniger komplexen, integrierten Schaltungen. Hierfür müssen aber einige Voraussetzungen erfüllt sein. So lassen sich auf diese Weise nur gleichartige Bauelemente, wie z. B. Gatter mit Gatter, Flipflops mit Flipflops, Speicher mit Speicher usw., zusammenschalten; außerdem muß streng unterschieden werden zwischen Bauelementen in TTL- und MOS-Technik. Auch sind nicht grundsätzlich alle Bauelemente für eine *wired-OR*-Verbindung geeignet. Manche sind für diesen Zweck am Ausgang mit offenen Kollektor ausgeführt, andere z. B. besitzen einen sogenannten *Chipselect*-Decoder, der dafür sorgt, daß nur bei richtiger Adressierung der entsprechende Ausgang geschaltet wird, andere wiederum benötigen ein zusätzliches ODER-Gatter.

Y

YAG

Die Abkürzung YAG (sprich: jag) steht für „Yttrium-Aluminium-Granat". Ein mit etwa 1,5 % YAG dotierter Neodym-Laser besitzt den höchsten Wirkungsgrad aller Neodym-Laser. Da YAG-Kristalle eine hohe Wärmeleitfähigkeit aufweisen und deshalb eine gute Abfuhr der Verlustenergie ermöglichen, eignen sich YAG:Neodym-Laser vor allem für Dauerstrichbetrieb mit Ausgangsleistungen von z. B. 100 W bei 1,06 µm Wellenlänge. Im Gegensatz dazu werden reine Neodym-Laser, die Spitzenleistungen im Megawatt- und sogar Gigawatt-Bereich erlauben, im Impulsbetrieb eingesetzt.

Z

Zeitscheibe

Nicht gemeint ist hier die Parkscheibe, mit der man die Parkzeit eines Fahrzeugs angibt! Der Ausdruck wird in der EDV als Übersetzung des amerikanischen Begriffes *time slice* verwendet, mit dem man bildlich sagen will, daß man die Zeit „in Scheiben schneidet". Eine Zeitscheibe ist also ein kleiner Teil eines größeren Zeitraumes, z. B. ein Bruchteil einer Zykluszeit. Besonders bei der Datenspeichertechnik spricht man gerne von Zeitscheiben, also von kurzen Zeitabschnitten, die für einzelne Teilvorgänge der Datenspeicherung zur Verfügung stehen.

ZEUS

Diese Abkürzung hat nichts mit dem höchsten Gott der alten Griechen zu tun. ZEUS bedeutet vielmehr: *Z*eitplan-*E*rstellung für *U*nterrichts-*S*tunden. Es handelt sich hier um ein von der IBM entwickeltes Stundenplanprogramm, das in kommunalen oder privatwirtschaftlichen Rechenzentren eingesetzt werden kann. Dieses Programm ist sehr vielseitig und berücksichtigt auch neuere Schul- und Unterrichtsformen, wie z. B. die integrierte Gesamtschule und das Kurssystem der reformierten Oberstufe im Gymnasium.

Zielextraktor

Ein Radar-Zielextraktor hat die Aufgabe, aus dem von der Antenne gelieferten Video-Signalgemisch, dem zudem häufig starkes Rauschen überlagert ist, die richtige Zielinformation „herauszuziehen“ (lat. extrahere = herausziehen). Im speziellen Fall eines *digitalen* Zielextraktors ist die dazu erforderliche Schaltung digital aufgebaut. Der Vorgang der Zielerkennung ist dabei in zwei Schritte unterteilt, und zwar in Echoerkennung und Echointegration. Bei der Echoerkennung wird mit Hilfe eines Schwellwertdetektors die Quantisierung bzw. Digitalisierung der analogen Radarsignale durchgeführt. Die nun quantisiert vorliegenden Echoimpulse werden auf ihre Korrelation in Azimutrichtung untersucht und ihre Anzahl (Treffersummierung bzw. Echointegration) mit einem weiteren Schwellkriterium verglichen. Hierzu verwendet man einen sog. Wanderfensterdetektor, der u. a. mit Schieberegistern aufgebaut ist.

Zwangskommutierung

Die in der Energieelektronik als Schalter verwendeten Thyristoren können zwar durch einen Triggerimpuls über ihre Steuerelektrode eingeschaltet („gezündet“) werden, doch ist das Ausschalten („Löschen“) meist nur durch Unterbrechung oder Umpolung (Kommutierung) des Anodenstromes möglich. Beim Wechselstrombetrieb tritt eine natürliche Kommutierung nach jedem Nulldurchgang ein. Bei Gleichstrombetrieb dagegen muß man Zwangskommutierung anwenden, wozu man meist einen zuvor aufgeladenen Kondensator mit Hilfe eines Hilfsthyristors über den Hauptthyristor entlädt, und zwar so, daß der Entladestromstoß dem Arbeitsstrom entgegenwirkt. Ist er gleich oder größer als dieser, so sinkt der Thyristorstrom kurzzeitig unter den Haltestromwert, der Thyristor ist gelöscht. Zwangskommutierung bei Wechselstrom wendet man an, wenn man *vor* dem Nulldurchgang löschen will.

Zyklotron

Teilchenbeschleuniger, bei dem die Teilchen (Ionen) durch das Zusammenwirken eines homogenen magnetischen Gleichfeldes und eines elektrischen Hf-Wechselfeldes von konstanter Frequenz auf einer zyklischen Flugbahn mit zunehmendem Radius (Spirale) beschleunigt werden. Der erreichbaren Höchstgeschwindigkeit der Teilchen (Energie) sind enge Grenzen gesetzt, weil die für die inneren Spiralumläufe richtig bemessene Frequenz (≙ Umlaufzahl) des Wechselfeldes für die äußeren Umläufe zu hoch ist, Teilchenumlauf und erregendes Wechselfeld geraten „außer Tritt“ (Phasenfehler), eine weitere Beschleunigung ist dann nicht mehr möglich.

Zyklotron, Abart **Isochronzyklotron**

Teilchenbeschleuniger, vgl. Karten Nr. 29 (Zyklotron) und Nr. 30 (Synchronzyklotron). Beim Isochronzyklotron ist die Frequenz des Hf-Wechselfeldes wieder fest, örtlich verschieden, also inhomogen, ist dagegen das magnetische Gleichfeld. Mit Elektronenrechnern wurde eine komplizierte Polschuhform errechnet, die konstante Winkelgeschwindigkeit der Teilchen ergibt (Spiralsektorfokussierung), so daß auch die Hf konstant sein kann. Isochron heißt soviel wie „zeitlich gleichmäßig", was sich auf die gleichbleibende Umlaufzeit der Teilchen bezieht. Außer durch seine Einfachheit bei großer Energieabgabe zeichnet sich das Isochronzyklotron dadurch aus, daß man die Energie variieren kann.

Zyklotron, Abart **Synchronzyklotron**

Teilchenbeschleuniger, wie unter „Zyklotron" auf Karte Nr. 29 beschrieben, nur wird die Frequenz des Wechselfeldes periodisch in dem Maß gesenkt, wie die Teilchen sich den äußersten Umlaufbahnen nähern. Der Synchronismus zwischen den Teilchenumläufen und dem sie beschleunigenden elektrischen Wechselfeld wird dadurch auf der gesamten Teilchenflugbahn aufrecht erhalten, es gelingt daher eine wesentlich höhere Teilchenbeschleunigung als beim einfachen Zyklotron. Die Frequenzmodulation des das Wechselfeld erzeugenden Hf-Oszillators wird elektromechanisch durch einen umlaufenden Drehkondensator oder durch eine schwingende Stimmgabel erzeugt; der Oszillator wird gewobbelt, würde der Funktechniker sagen.

Zylinderdomänen

Ferro- und ferrimagnetische Stoffe sind in Bereiche, sog. Domänen, unterteilt, in denen die Magnetisierung jeweils eine einheitliche Richtung hat. In dünnen Schichten erstrecken sich die Domänen stets über die ganze Dicke. Durch bestimmte Maßnahmen kann erreicht werden, daß sich die Magnetisierung senkrecht zur Schicht einstellt, und zwar weist die Magnetisierungsrichtung entweder aus der Schicht heraus oder in sie hinein. Zylinderförmige Domänen ergeben sich, wenn man ein Magnetfeld (Stützfeld) senkrecht zur Schicht anlegt, wobei dann die Magnetisierung der Domänen dem Stützfeld entgegengerichtet ist. Diese Zylinderdomänen („magnetic bubbles") können sich auch bewegen, und zwar dann, wenn am Ort der Domänen ein Feldgradient besteht; sie wandern dann in Richtung des abnehmenden Feldes (siehe ELEKTRONIK 1974, H. 3, S. 39).

Weitere RPB-electronic-taschenbücher

29

Kleines ABC der Elektroakustik. Eine praktische Ordnung und Erläuterung der Grundbegriffe, Zahlenwerte und Tabellen. Von Gustav Büscher und Dipl.-Ing. A. Wiegelmann. – 7. Auflage. Dreifachband. DM 9.80.

ISBN 3-7723-0297-1

46

Sendertabelle. Rundfunksender – LW, MW, KW, UKW – die in Mitteleuropa empfangen werden. Von Reinhard Schneider und Walter Redlich. – 2. Auflage. Einfachband. DM 4.80.

ISBN 3-7723-0462-1

55

Fernsehtechnik von A bis Z. Schwarzweiß und Farbe. Von Joachim Conrad. – 5. Auflage. Dreifachband. DM 9.80.

ISBN 3-7723-0555-5

68

Kleine Elektronik-Formelsammlung. Oberbaurat Dipl.-Ing. Georg Rose. – Ein Formelbuch das aus der Praxis der Werkstatt und der Berufsschule entstanden ist. – 13., unveränderte Auflage. Dreifachband. DM 9.80.

ISBN 3-7723-0683-7

88

Schliche und Kniffe für Radiopraktiker. Erfahrungen aus Werkstatt und Labor. Von Ing. Fritz Kühne. – 6., völlig neu bearbeitete Auflage. Zweifachband. DM 7.80.

ISBN 3-7723-0886-4

100

Daten- und Tabellensammlung für Radiopraktiker und Elektroniker. Von Herbert G. Mende. – 3., neu bearbeitete und erweiterte Auflage. Zweifachband. DM 7.80.

ISBN 3-7723-1003-6

134

Kleines Halbleiter-ABC. Klare Auskünfte in alphabetischer Reihenfolge über Grundlagen, Aufbau, Funktion und Anwendung zahlreicher Halbleiterarten. Von Gustav Büscher und Dipl.-Ing A. Wiegelmann. – 3., neu bearbeitete und erweiterte Auflage. Zweifachband. DM 7.80.

ISBN 3-7723-1343-4

Franzis-Verlag München

Was halten Sie von diesem Buch?
Das möchten wir gerne wissen.
Setzen Sie ein paar Stichworte auf. Das genügt.
Vielen Dank sagt Ihnen der

Franzis-Verlag

Kundeninformationen

☐ ☐ **SP** ☐ ☐ **KL**

Urteil über ______________________________

______________________________ (Buchtitel)

Fachgebiete, die mich besonders interessieren:

1. Hobby-Elektronik ☐
2. Elektroakustik ☐
3. Radio + TV-Elektronik ☐
4. Industrie-Elektronik ☐
5. Elektronische Meßtechnik ☐
6. Informatik (EDV) ☐
7. Amateurfunk ☐

Auf dieses Buch wurde ich aufmerksam durch:

- Prospekt ☐
- Besprechung ☐
- Schaufenster ☐
- Anzeige ☐
- Empfehlung ☐

____
Vorname/Name

____
Beruf

____
Straße

____
Postleitzahl/Ort